新潮新書

和田秀樹
WADA Hideki

テレビの大罪

378

新潮社

はじめに

「偽装問題」は、ここ数年、テレビが徹底的に追及してきたテーマです。建築物の耐震強度からはじまって、食品の賞味期限や産地など、次から次へと出てくる偽装の数々を、テレビはコテンパンにたたいてきました。追及の手はやがてテレビ局自身にもおよび、2007年には「納豆でやせる」というデータが捏造だったことで番組が打ち切りになり、09年には虚偽証言に基づく報道によってテレビ局の社長が引責辞任しています。

テレビ局からすれば、「私たちは、それほどまでに情報の正確さを重視しています。だからこそ、偽装問題に対してシビアな姿勢をとってきたのです」というところでしょう。

しかし、仮に納豆でやせなかったとしても、納豆が健康にいいことはおそらく間違いないことです。また賞味期限の偽装で死んだ人はいないし、耐震偽装でさえそのために倒れた家というのはまだありません。もちろん不快な思いをした人や、一生の買い物だったはずの不動産が無価値になってしまったという被害はあるはずですが、一連の偽装問題で人命が奪われたという話は聞きません。

ところが、表沙汰になっていない数々の偽装や情報操作によって、多くの人の命を奪っている業界があります。それがテレビです。彼らの不見識は老若男女を死に追いやり、心身の健康を害し、知性を奪い、すなわち日本という国に大きな損失を与えています。

ひとりの精神科医として、父親として、教育に携わる者として、高齢者医療に関わる者として、この深刻な状況を見過ごすわけにはいきません。

本書では、あまり一般的に問題にされることのないテレビの罪について、私見・暴論もまじえつつ問題提起していきたいと思います。なお、ここでいう「テレビ」とは、テレビ業界、テレビ局、テレビ局員や業界関係者、テレビ番組など、「テレビ的なるもの」を幅広く含む概念とご理解ください。

テレビの大罪●目次

1 「ウエスト58㎝幻想」の大罪

ささやかで重大な偽装

テレビはある重大な偽装を自ら率先して行ない、また見逃すことによって、若い世代の命を大量に奪ってきました。それが、「ウエストサイズの偽装」です。テレビの出演者はみんな、本当はもっと大きいウエストサイズを58㎝や60㎝と過小申告しています。なんだ冗談か、と思われるかもしれませんが、私は本気でこの偽装問題を憂慮しているのです。

私事になりますが、うちには21歳と16歳の娘がいます。1人はガリガリ、もう1人はあとで紹介する基準では標準体重よりかなりやせているのですが、本人は「ちょっと太っている」と気にしています。

やせているほうは、158cmの身長に対して体重が38kgしかありません。誰が見てもひょろひょろにやせているその娘でさえ、ウエストは57cmあるというのです。たしかにそれくらいの年代は、ちょっとウエストが太めになるのかもしれませんが、ウエスト50cm台というのがどれほど例外的なことかという証拠はほかにもあるのです。

娘と妻が見たテレビのダイエット企画に、スタイルのいいことで知られるモデルの山田優さんが出てきたそうです。彼女は身長が169cmと大柄なせいもあるでしょうが、実際にウエストを測ってみると70cm以上あったらしい。それでもあれだけやせて見えるわけですが、公表されている女性芸能人のウエストサイズを見ると軒並み50cm台。60cm台となると少数派です（体重は40kg台が〝標準〟です）。

服のサイズ表示は、ウエストの実測値とは違います。したがって、服のサイズが61cmや58cmという人はいくらでもいると思いますが、どう考えても実寸では無理。世の中で「ウエスト58cm」と自称している人のうち、本当に58cmの人がどれだけいるでしょうか。

「スリーサイズや体重、年齢を偽ることなんて、女性によくある他愛もない見栄じゃないか」「偽装なんて大げさな」という声が聞こえてきそうです。しかし、ウエスト偽装はそれをまねようとする思春期の女性のやせすぎに直結します。これは、世間の想像をはるかに上回るほど危険なことなのです。

女性芸能人がいくらやせているからといって、本当に公表されている通りのサイズの人はほぼいないでしょう。そしてそんなことは大人ならば知っていることなのかもしれません。ところが、彼女たちに憧れる少女たちは、幻想の「58cm」を真に受けてしまいます。そして思うのです。

「私はウエスト70cmもある。デブだ。これじゃ素敵な女性になれない」

幻想の数字に振り回された結果、彼女たちは適正なボディサイズではなく、やせすぎの体型を目指すことになります。

毎年100人の命を奪う病気

このところ日本でも、生活保護を打ち切られて飢え死にする人が出る悲しいご時世になりました。つい最近まで、日本では飢え死にする人はいないと信じられてきたのですから、不況の影響は恐ろしいものです。

ところがそれまでも、年間なんと100人もの人たちが飢え死にをしていたという事実があります。それは、拒食症という病気によるものでした。栄養失調だけでなく、さまざまな要因を含めた数字ですが、死因統計によれば「神経性無食欲症」（拒食症）が原因と明記されている死者が毎年100人前後も出ています。

そのかなりの部分が、思春期もしくは20～30代の女性です。私のように老人を専門にしている医者が言ってはいけないことかもしれませんが、やはり80代の人の命を奪う病気よりは、20代の人の命を奪う病気のほうが、より急いで撲滅すべきものでしょう。

たとえば、かつて死病と恐れられたエイズは、あっという間にウイルスに感染しても死なない病気になりました。それは、若い世代の命が失われることは社会的な損失だとして、エイズ撲滅に莫大な資金が投入されたためです。新型インフルエンザ対策でも、あれほどの力を注いだ理由のひとつには、ただでさえ世界中の先進国で若年人口が減っている中で、多くの若い命を失うことがあってはならないということがありました。

アメリカの精神医学会の診断基準によれば、拒食症とは、①標準体重より15％以上やせているのに、②もっと体重を減らしたいと思っている、あるいは、③自分がやせていると思わなかったり、やせていないと美しくない、人間としてダメだと思っている、そして、④月経周期の3回以上の欠如という症状が出ている、という状態です。

この4つの基準を満たせば拒食症と見なすわけですが、最初の3つぐらいは、日本の若い女性の多くにあてはまるでしょう。身長160cmの人の、BMI法による標準体重は56・3kgですから、それを15%下回ると47・9kg。160cm47kgでまだ太っていて美しくないのでやせたいと思っている女性は、生理不順さえ来れば立派な拒食症だということです。

若者の脳と身体が壊れる

やせるのも太るのも自己責任だ、という考え方があります。たしかに、いい大人ならばそれでもかまわないでしょう。しかし未成年者に関しては、話が違います。成長期にある思春期の子どもたちが、やせすぎを美しいと信じて突き進んでしまったら何が起こるでしょうか。

医学的には、標準体重の60%を割ると命が危ないと言われますが、実は80%を割った時点で重要臓器の発達に悪影響を与えることも知られています。つまり極端なやせ願望による拒食症で毎年100人以上の命が奪われているだけでなく、より多くの人たちの例えば子宮や脳の発達が損なわれているということです。

臓器の形成期である成長途上の子どもたちにとって、やせすぎは深刻な悪影響をもたらします。18歳未満の、特に女の子に対して、やせすぎが理想の体型であるかのような誤解を与えることがあってはいけないのです。そもそも、高校生ぐらいまではぽっちゃりしていて、大人になるにしたがってだんだんやせていくというのが自然な発達のかたちです。私も別にやせ型の女性が嫌いというわけではありませんが、健康という視点から、娘には常々「もっと食え」と言っています。

肉体的にやせすぎの影響を受けやすい思春期の子どもたちというのは、精神的にはメディアの情報を信じやすい世代でもあります。仮にテレビが大人しか見ないメディアであれば私は何も言いませんが、子どもたちに大人と同じだけの判断力は期待できません。テレビをつければやせすぎの人しか映らないことが、どれほど若い世代の健康に深刻な影響をおよぼし、どれだけその生命を脅かしていることでしょうか。

最近よく目にするデータに、「ちゃんとごはんを食べていない子どもは学力が低い」というものがあります。そこで、朝ごはんを毎日食べようとか、食品を何品目摂《と》れとか、栄養をバランスよく摂れというようなことを言うようになりました。思春期こそカロリーをしっかり摂らないといけないということは、栄養学の常識となっています。

それなのに、テレビでは誰もがウエストサイズを58㎝と偽装して、周囲もそれを嘘と知りながら「わあ、素晴らしいスタイルですね」と褒めそやす。このようなことは、医者の立場から言わせてもらえば犯罪行為以外の何ものでもありません。本来なら太っていて当然の思春期の少女にやせ願望を持たせるだけでも問題なのに、彼女たちは偽りのウエストサイズを目指し、その一部は拒食症にまでなってしまっているのですから。

テレビ業界は、別に示し合わせたわけでもなんでもなく、ただ単にやせている人が美しいという価値観が強いだけなのかもしれません。また、テレビの画面上では実際より太って見えるという特性があるために、出演者は無理なダイエットをせざるをえないという面もあるかもしれません。しかし何も、そういう特殊な条件に合わせてしぼりこんだ体型をわざわざ公開し、もてはやすことはないのです。

ウエスト偽装はテレビに限った問題ではなく、雑誌などでも同じです。ファッション誌には、非現実的な体型のモデルが並んでいます。しかし、影響の大きさではテレビに及ぶものはないでしょう。若い人にとってテレビは、ネットや口コミと並ぶ主な情報源だからです。

さらに、ティーン雑誌にやせすぎモデルを使うことと、中高年向け雑誌に使うことでも、意味がまったく違います。40~50代の女性向けファッション誌で「もっとやせましょう」という記事があっても、そのぐらいの年齢の人は実際に太りすぎていることも多いので効果があるかもしれません。また、ある種の自己責任として、「やせすぎが健康に悪くても自分はやせたい」という価値観を持つこともありえるでしょう。詳しくは後で書きますが、究極のところ、多少やせているくらいなら早死にするだけの話だからです。

不妊はなぜ増えたか

ここ20年ほどで不妊が急に増え、不妊治療を受ける人の数が激増しています。原因としては、いわゆる「環境ホルモン」の影響や「男性の精子が薄くなってきた」ことなど諸説あり、はっきりしたことはわかっていません。そして、治療を受ける人が増えた背景には、もちろん治療手段が確立してきたということもあります。

しかし、当事者たちが涙ぐましい努力を重ね、現代医学がこれだけ頑張っても思うように子どもができない人が大勢いるということは、動かしがたい事実です。私は、ここでも、やせすぎの影響を考えてみてもいいのではないかと考えています。

現代の不妊の大きな理由のひとつに、過度なダイエットの影響、すなわち思春期にやせすぎていたことによる子宮の形成不全があるのではないか。あまり表立って口にする医師はいませんが、このことを言っているのはなにも私だけではありません。また、やせすぎの人が子どもを持ちにくいことは事実です。

子宮というのは、胎児の成長にあわせて伸びる臓器です。多少の成長不全があっても子どもを持つことはできます。しかし子宮の形成不全が原因の不妊では、治療のしようがありません。

さらに言えば、妊婦のやせすぎも問題になっています。過度なダイエットにはげむ妊婦が増えた結果、2500g未満で生まれる低出生体重児が増えています。背景には、妊娠中毒症や太りすぎによる難産を予防するため、医者が体重管理を厳しく指導しすぎたということもありますが、ここでもテレビの影響は無視できません。

出産後いくらもたたないうちに〝完璧な〟体型で画面に復帰する、いわゆるママタレントやママ女優たち。彼女たちへの礼賛は、妊娠前からやせていることをよしとしてきた妊婦たちのやせ願望を、後押しするばかりでしょう。

このように考えると、ウエスト偽装というのは、一連の偽装問題のなかでも飛びぬけてたちの悪いものです。食品偽装はおそらく一過性のものですし、耐震偽装も影響を受ける人数は限定的でした。しかしウエスト偽装は、影響を受ける人の数が桁外れに多いというだけではなく、その影響は将来におよびます。成長期にきちんと発達できなかった臓器は一生そのままですから、やせすぎの後遺症は生涯続くことになるのです。

ボディ・イメージには流行がある

ここまでに述べてきたことは、私のこじつけではありません。拒食症については先輩であるアメリカでも、同様のことが問題になっていました。

拒食症というのは、ほぼ確実に文明病であると言われています。アメリカでこの病気が出てきたのは、１９６０年代のことでした。日本は70年代、韓国では80年代から問題になりはじめています。文化や経済と同様、精神医療の世界でも「アメリカで起こったことは10年遅れて日本にやってきて、韓国にはさらに10年遅れてやってくる」と言われます。拒食症もまた、その典型でした。

60年代にアメリカで拒食症という病気が生まれたきっかけは、ツイッギーだと言われています。当時、世界的な人気を誇ったツィッギーは、その体型から「小枝」という意味の愛称で呼ばれるようになったイギリスのモデルです。

彼女の登場以前、アメリカにやせている女性が美しいという価値観はあまりありませんでした。マリリン・モンローやジェーン・マンスフィールドといった、ふくよかでグラマーな女優が圧倒的な人気を誇っていたのです。ところが、そこに「小枝のようにやせていたほうがクールだ」という新しい価値観が、マスメディアを介して、一般人に広まりました。

このことに関して、以前、アメリカで面白い論文を読んだことがあります。拒食症が増えた背景として、「プレイボーイ」誌のセンターフォールド（中央折り込みページ）に登場する、いわゆるプレイメイトのウエストサイズの経年変化を大真面目に論じたものです。

その論文によると、マリリン・モンローの時代には70㎝台で当たり前だったウエストが、ツィッギーが登場した60年代からどんどん細くなっていく。そして、男性が好むモデルがやせていくに従って、拒食症が増えていくという事実が浮かび上がってきます。ボディ・イメージの認知障害がマスメディアによって起こされるということは、アメリカの精神科医の間では、私が留学していた20年前にすでに語られていたのです。

やせすぎモデルを追放せよ

２００６年、イタリアやスペインでＢＭＩ18以下のモデルがファッションショーから締め出されることになりました。ＢＭＩ（体格指数）はＷＨＯ（世界保健機関）が設定した肥満に関する基準で、18は「やせ」に分類される数値です。今回の方針は、急に降ってわいたわけではなく、欧米ではかなり前から議論されていたことの結果でした。日本のワイドショーでも広く報じられたので、ご記憶の方もあるかもしれません。ところが現地で規制がかけられた理由は健康上の問題だったのに、日本のテレビはモデルクラブの社長など業界関係者ばかりに取材して「表現の自由を侵害している」とか、「こんなおかしなことがあるか」というようなコメントを平気で流し続けたのです。

私が知っている範囲では、それに対して「健康のためには、やっぱりやせすぎはよくないんじゃないでしょうか」と言うコメンテーターもいなければ、やせすぎが健康に与える影響についての専門家のコメントもありませんでした。誰もこうなった背景を知らないし、知ろうともしないのです。実はあるテレビから電話取材を受け、私はいかにやせすぎが身体に悪いかを力説したのですが、そのコメントが放送されたかどうかはわかりません。そして、それはキー局ではなく、大阪のテレビ局でした。

もしテレビが、モデルクラブやタレント事務所に遠慮して「やせすぎは身体に悪い」という当たり前のことを表立って言えないとしたら、国民の健康よりもタレント事務所やモデルクラブとの関係を優先しているということです。これは、もし私が総務大臣だったら放送免許を取り消すというぐらいの大問題でしょう。

テレビの影響力を考えれば、日本でもBMI18未満または標準体重の85%を切った人を画面から追放するぐらいのことはすべきだと思います。ところがいまだにテレビ出演の暗黙の条件は、拒食症の診断基準にあてはまりかねないような体型であることです。だから多くの人が、テレビに出ている人を実際に目にすると「うわあ、細い」と感嘆します。

知人の精神科医は「民放はまだしも、NHKぐらいはちゃんと標準体重に近い人をニュースキャスターに起用すべきだ」と言っていましたが、まさに正論だと思います。深夜番組ならまだしも、18歳未満の子どもが見ていて当然の時間帯の番組にやせすぎタレントは出さない。もし出すならば、「この人たちはやせすぎです。決してまねをしないでください」というテロップを流す。この程度のことをやっても、やりすぎではないとすら思うのです。

そんなバカな、と思いますか。そういう人はタバコのことを考えてみてください。

タバコは、2種類の警告文をパッケージの2面の30%以上の面積で表示することが法律で定められています。テレビでも、早食いやスタントなどに関しては「危険ですから決して真似をしないでください」という警告表示のテロップが流れることがあります。これは、真似した人が死んだりする事故が起きたためですが、やせすぎは煙草や早食い以上に幅広い人々の健康を害しています。

さらに、やせすぎの子に代わって、意図的に太めの子を礼賛すればなおいい。思春期の子どもたちの価値観というのは、ころころ変わります。いまはテレビをはじめとするメディアでやせすぎが美しいとされているから、過度なダイエットに励んでいるのです。だからこそ、ひとたび巨乳ブームが起こると急にたくさん食べはじめる少女も出てきます。テレビで「太った子のほうがかわいい」と喧伝すれば、少女たちの健康は簡単に回復するでしょう。

「やせれば健康になる」はウソ

「やせていることが美しい」というのは神話にすぎないとしても、やせていることは健康にいいのではないか。そのように考える人は多いでしょう。中でも中高年はやせたほうがいいということは、「医学の常識」と信じられてきました。

やせ願望は、いまや日本中を覆っています。思春期の少女に限らず、誰もが知らず知らずの間に「やせ強迫」に踊らされていると言ってもいいでしょう。私のまわりでも、断食道場に通ったとか、新しいダイエット法で何kgやせたといっては大喜びしている中高年が少なくありません。老若男女にやせねばならないという強迫観念を植え付けていることが、私が「テレビは殺人マシンである」と考える大きな理由のひとつです。

それというのも、やせることが健康にいいとは言えないからです。最近になって、40歳の時点で一番平均余命が長いのは、実は小太りの人であるというデータが発表されました。また、20歳の時より体重が減っている中高年は寿命が短い、というデータも出ています。つまり、長生きするためには年齢にしたがって体重を増やさねばならず、いい大人はやせたら喜ぶより危惧すべきということです。

メタボリック・シンドロームとの関連でよく目にするようになったBMIは、体重（kg）を身長（m）の2乗で割った数値です。WHOの基準では18・5未満が「やせ」、18・5以上25未満が「普通」、25以上30未満が「太りすぎ」、30以上だと「肥満」と分類されます。

ようするに健康のためには、ＢＭＩ18・5から25の間におさまるように体重を管理しなさいということなのですが、世界のどの統計を取ってみても、おおよそＢＭＩ25ぐらいか、それをちょっと超えたくらいの人が一番長生きしていることがわかっています。たとえば、２００６年に発表されたアメリカ国民健康栄養調査の29年間にわたる追跡調査では、ＢＭＩ25〜29・9がいちばん長生きで、やせ型の死亡危険率はその2・5倍もありました。ＢＭＩ25というと「普通」と「肥満」のボーダーライン、つまり小太りという程度です。

さらに日本でも09年5月、厚生労働省の補助金を受けたある研究結果が発表されました。日本では、さらに太めのＢＭＩ25から30までの人が一番長生きしているというのです。そのデータによれば、40歳の時の体格が「やせ」の男性は平均余命が34・5年（女性は41・8年）。このほか、「普通」が39・9年（同48年）、「太りすぎ」が41・6年（同48・1年）、「肥満」が39・4年（同46年）でした。なんと、やせ型の人と太った人とでは、平均余命が男女ともに6〜7年も違うのです。

ＢＭＩ25から30の「太りすぎ」とされる人たちというのは、たとえば身長１７０㎝では72・３㎏から86・７㎏未満で（「普通」は53・５㎏から72・３㎏未満）、いわゆるメタボ体型の人です。一方で、「やせ」というのはＢＭＩ18・５未満、つまり先のやせすぎモデルのレベルにあたります。

「肥満」と「普通」でたいした差はありませんが、とにかく「やせ」だけ目立って平均余命が短い。40歳の時点で太っている男性は81歳まで生きられるのに、やせている人は74歳までしか生きられません。女性でも、88歳と82歳という開きがありました。つまり、これまでは「思春期のやせは身体の発達を妨げる」ということが知られていましたが、新たに「中年期のやせは寿命を縮める」という事実が判明したのです。

このデータを見る限り、厚労省がメタボ、メタボと大騒ぎしたのは、国民を早死にさせて年金と医療費を削減するためではないかと勘繰りたくもなります。しかも日本の基準は、腹囲が世界一厳しいというような、ばかげたものなのです。それなのにテレビは厚労省と一緒になって、中年以降の人間にやせることへの強いプレッシャーをかけ、寿命を縮めさせています。

メタボ撲滅キャンペーンの背景には、太っていると医療費がかかるという前提がありました。たしかに現在の日本では、太っている人にはやせている人より多くの医療費がかかることも、同じ調査で明らかにされました。その原因のひとつが、日本では太っている人に積極的に検査を受けさせたり、投薬治療をしたりするということがあるからです。

しかし、日本のような国民皆保険制度のない諸外国では、太っている人の医療費が必ずしも高いとは言えません。つまり、太っている人が切実に治療を必要としているかどうかは、わからないということです。

実のところ、太っていることがどう身体に悪いかということも、ほとんどわかっていません。たしかに心筋梗塞のリスクは少し高くなりますが、それで死ぬ日本人は諸外国と比べて決して多くない。平均余命の長さを見ても、それは明らかです。「やせていることは健康にいい」という考え方が神話にすぎないことは、やっと科学的に証明されました。「太っていると身体に悪い」ということも、あるいは単なる思い込みかもしれません。

メタボリック・シンドロームという名称が一気に人口に膾炙《かいしゃ》したのは、それがすでにテレビによって広められていたやせ願望と結びついたせいでしょう。誰もがメタボという言葉に飛びついて、しかも「メタボ対策」イコール「やせること」だと思い込んでしまったのです。

日本人は飢餓状態

アメリカ人も日本人とならぶダイエット好きの国民ですが、アメリカで言うところの「やせ型」は、日本でいうところの標準体型にすぎません。日米では太り方のスケールが、明らかに違います。

『中高年健康常識を疑う』などの著書がある柴田博氏によれば、日本人の1日の平均カロリー摂取量は約1900キロカロリー。実は、この数字は敗戦直後の摂取カロリーとほぼ同じで、実際に飢餓状態と言われる北朝鮮の1日平均摂取カロリーは1600だそうです。欧米の先進国は軒並み2500を超えていて、アメリカにいたっては平均で3000キロカロリー。さすがにこれは多すぎますが、日本の1900キロカロリーをさらに減らせというのは、北朝鮮になれというようなものなのです。

１９７０年代後半以降、欧米で肉類の摂取量を減らそうという運動がはじまった頃、日本でも食生活が欧米化しているから肉を減らそうということになりました。しかし当時の日本人は、アメリカの３００g、ヨーロッパの２３０gに対して、1日あたり70gも肉を食べていなかったのです。それをさらに減らそうというのですが、実はその頃、沖縄では約１００g、ハワイの日系人はそれ以上の肉を食べていました。そして、彼らのほうが寿命は長かったのです。

ものには、なんでも適量というものがあります。それなのに日本は、適量に至らないうちに減らそうとしてしまった。太り過ぎの欧米人が体重を減らそうというのを、太ってもいない日本人が真似をしてもいいことはありません。

漢方では食べなくなることをもっとも悪いサインと見なすようですが、老人医療の世界でも、現場の実感として一番恐いのは食事を摂らなくなることです。私も常々患者さんに「なるべく食べなさい」と言っています。これまで、そうした経験則を裏付ける統計データはありませんでした。しかし、太めのほうが長生きということが統計的に裏づけられた以上、世間に蔓延するやせ礼賛をなんとかしなくてはならないでしょう。

利益を生むやせ礼賛

このように、やせすぎには何らメリットはありません。「ウエスト58㎝」を標榜しているタレントだって、無理なダイエットをしなくてすむようになれば喜ぶかもしれません。そもそもテレビは「世界に一つだけの花」は素晴らしくて、「どんな花でもきれい」とさんざん言ってきたはずです。

それでもテレビが延々と「やせ礼賛」をするのはなぜなのでしょうか。なぜテレビは手を換え品を換え、「やせたほうがいい」「こうしてやせろ」というメッセージを発し続けるのでしょうか。

今となっては、テレビがここまでやせすぎを礼賛する背景には、彼らの深刻な経営状態が影響していると考えざるをえません。不況で広告収入が減少する中で、ダイエット食品や健康器具、エステティックをはじめとするやせ関連商品のCMは、テレビの大きな収入源となっているからです。

平日の日中にワイドショーを見れば、流れるCMは健康食品や健康器具、ダイエット器具の通販ばかりです。BSにいたっては、一日中そのような調子でしょう。番組もCMも、「やせていることが美しい」「やせているほうが健康だ」という審美意識、健康観のオンパレードです。ウエストサイズよりほかに気にすべきことのありそうな人たちが、奇妙な器具を使って「やせて魅力的になった」と大喜びしている様は、コントのようです。

煙草がテレビで宣伝できないようになったのは、それが健康に悪いという理由からでした。しかし、やせ関連商品は広告が規制されるどころか、医者や学者がオーソライズしていることとさえあるのだからたちが悪い。これではいい大人でさえ、やせるほど健康にいいと信じてしまうのも無理はありません。

テレビのやせ礼賛は、そもそもは悪気もなく、単にその方が美しいという価値観から生まれたのかもしれません。しかし、これだけ広告収入が減ってしまうと、やせることが健康にいいか悪いかという検証も全くしないまま、やせ礼賛を続けざるを得なくなっているのでしょう。貧すれば鈍すで、ダイエット熱を盛り上げられるだけ盛り上げて、関連商品の広告収入で何とか食っている。

つまり、いまのテレビは悪徳宗教と同じです。やせないと地獄に落ちるぞ、とさんざん脅して、ダイエット器具やダイエット食品という名の壺や水晶玉を売りつけているわけです。やせ願望を煽れば儲かるということを、テレビは学習してしまいました。かつては無知によって国民の健康を蝕んでいたものが、やがて確信犯に変わったのです。極端に言えば、そこには金を出してくれさえすればどんなに被害者が出ても構わないという開き直りがあるように思います。

専門家に騙されるな

読者の方には、「じゃあ、健康番組やダイエット番組、時には通販でも医学博士がお墨付きを与えている、あれはなんなんだ」と思う方もいるかもしれません。

テレビの健康に関する常識が信用できない背景には、テレビに限らない日本のジャーナリズム全体の問題もあります。アメリカでは、科学記事を書く上ではかなりの専門性が求められており、科学ジャーナリズムを教える大学もあるそうです。一流誌で医学記事を書いている記者は、医師の資格を持っていることが原則とも聞きます。

ところが日本のテレビのディレクターや新聞記者に、医師の国家資格を持っている人がどれだけいるでしょうか。ほとんどいないはずです。一時期、NHKでそういう人材の採用を行っていたのですが、いまではしていないと思います。

専門知識のない人が番組を企画したり取材したりするから、専門家を称する肩書きのある人にころっとだまされてしまう。そうしてマスコミは、本当は健康に悪い〝健康常識〟を、それと知らずに垂れ流してしまう危険性が非常に高いのです。

専門家だからといって、いつも真実を語るとは限りません。自分の専門分野の健康だけにいいことを言う場合もあれば、誤解に基づいて事実と異なることを言う場合もあり、果ては意図的に嘘を言う場合もあります。実際に、大学の権威を守るために患者の不利益となる情報が流布されてきたケースが、いくつもあるのです。そのひとつが、「乳がんになったら乳房を全摘しなくてはいけない」というものです。

1979年、慶応大学医学部放射線科の近藤誠医師は留学先のアメリカで、がんになった部分だけを取り除いて放射線を照射すれば、乳房を全摘した場合と予後の変わらない乳房温存療法というものを知ります。女性にとって、乳房を失うことは心身ともに耐え難い苦痛です。部分切除で済むならば、それに越したことはありません。

しかし帰国後、近藤医師は、外科系の教授たちから徹底的に排斥され、慶応病院から追い出されかけてしまいました。そうして、アメリカではすでに80年代に常識だった乳房温存療法が、日本で普及するまでに10年から15年もの月日がかかってしまったのです。その片棒の一端をかついだのが、テレビを含むマスメディアでした。

どの病気の標準治療が現在どういうものになっているかということは、アメリカ国立衛生研究所（ＮＩＨ）のホームページを見ればすぐわかります。乳房温存療法が確立しているにもかかわらず、「がんなら乳房は全部取るものだ」と平気で言うようなことは、医師としても人としても許されない行為です。

他人のふんどしで相撲を取る

テレビで健康についての常識を語るのは、市井のおっさんではなく、権威ある肩書きを持った「医学博士」や「〇〇大学医学部教授」です。さらにそれがまじめな健康番組であれば、一般の視聴者がそれを鵜呑みにしてしまうのも当然のことです。

　専門家に話を聞く前に、スタッフがその分野について調べつくすことは時間的にも能力的にもできることではありません。しかし、昔であれば専門家の言うことを信じるしかなかったかもしれませんが、今ならインターネットで疫学データも簡単に調べられます。

　ところがテレビは事実関係の検証もせず、偉い先生の言うことを右から左に放送するばかりです。「コレステロールは身体に悪い」というのもかなり古い説なのに、いまだに幅をきかせています。過去30年ほど威張り続けてきた、循環器内科医の権威に完全に寄りかかった番組作りをしているからです。そうした姿勢が健康番組における数多くの嘘を生んでいるのですが、そのことについてテレビが責任を取ることはありません。

　たとえば新聞でも週刊誌でも、コメントは括弧でくくって、いわゆる地《じ》の文とは責任を分けて考えます。コメントは発言者、地の文は筆者および掲載媒体が言っていることです。しかしテレビでは、ほとんど全部をコメントでつなぐという作りになっている。ニュースを除けば地の文に相当するものがないから、ようするに全部他人の責任に乗っかっていると言ってもいい。

その上、新聞や雑誌にくらべれば見ている人の数が圧倒的に多いから、被害者も圧倒的に増えてしまう。テレビというのは音で聞いて目で見て、しかも同じような内容が報じられ続けるから、気付かないうちに刷り込まれてしまうことが多い。テレビにだまされて一生懸命ダイエットに励んだ挙句、命を縮めている人がどれだけいるかわかりません。

時としていい加減なことを言いっぱなしというのは新聞でも雑誌でも同じですが、テレビというのは最大の無責任メディアではないかと思います。それはテレビの場合、誰がどんな発言をしたかという証拠が残らないという〝有利〟な点があるからです。新聞なら縮刷版になるし、雑誌でも図書館に残りますが、テレビの場合、放送内容は闇から闇へと消えていってしまいます。

渥美清の「男はつらいよ」はもともと、テレビドラマでした。それを映画化したら、予想外の人気が出てあれだけ続いたわけですが、テレビ版の映像は第1話と最終話だけしか残っていないのだそうです。ましてや、昔のニュース番組でどんなことを言っていたかなどということは、まったく記録がありません。証拠が残らないのをいいことに言いたい放題してきたのが、テレビの汚いところです。今はもう少し録画を残しているかもしれませんが、一般の人には全くアクセスできません。

コメンテーターは気楽な稼業

たとえば、ある種の犯罪が増えているとか少年の自殺が増えているとか、そういうコメントをする前に、それが本当か嘘かということは放送前の打合せ中にちょっとネットで調べればすぐわかります。ところがテレビは誤った情報を流すことに対しての責任感が欠如しているから、コメンテーターに適当にしゃべらせてしまう。

私がコメントを頼まれた時、「そのことについては正確なことを言えないから」と断ったりすると、妻は「あなたは気を使い過ぎなのよ。誰もニュースなんて録画しないんだから、言いたいことを言えばいいのに。そうしないからテレビに出られなくなって、『最近、和田さん見かけないね』なんて言われるのよ」と言います。

妻の言っていることの方が、世間的には正しいのかもしれません。でも私は、つい

「本当に増えているかどうか、統計をあたってくれませんか」と言って鬱陶しがられてしまう。本を書くときは慎重でも、テレビでは言いっぱなしで平気などということは、まともな専門家のすることではないと思うからです。

取材を受けていて思うのは、テレビのスタッフというのは本当に勉強していないということです。忙し過ぎるのかどうかわかりませんが、私が本に書いたことを事前に読んで取材してくる人はまずいません。原稿を頼みに来るときに本を読まないで来る編集者はいませんが、テレビでは読んでくるほうが珍しい。2時間あれば読めるのですから、新書1冊ぐらい読んでほしいものですが。

そういう人たちだから、自分たちのしていることが後々どれだけ社会的影響を及ぼすかについて考えが及ばない。悪気がないのに悪い結果を生んでいるということが、テレビの大きな問題です。

負け惜しみではありませんが、「きちんとした人はテレビには出ない」「レギュラーコメンテーターになったら、言っていることを疑ったほうがいい」というのが本当だと私は考えています。最近はコメンテーターとして呼ばれないようになって、かえって気が楽になりました。

視聴者でも気の利いた人ならば、テレビにだまされることなくインターネットにあたってみるでしょう。しかし、たまたまその人が「嘘じゃないですか」とテレビに抗議してくれればいいけれど、まともな人ほど「またテレビがいい加減なことを言って」と思うだけです。そもそも多くの視聴者は、テレビの言うことを疑ってもみません。インターネットが普及し、より正確な情報が得られるのに、それを流そうとしないテレビの不作為の罪はかつてなく重いと私は思っています。

テレビはゼネコンである

テレビというのは、そもそもコメントだけでなく、自分たちで放送する番組の内容すらろくに確認していません。

「発掘！あるある大事典」事件の最大の問題は、納豆ダイエットの効果を支持するデータが捏造されたものだったということではなく、むしろ下請けの番組制作会社に作らせた番組をノーチェックで垂れ流してしまったことです。しかし、こうした構造的な問題に話が及ぶと自分にも火の粉が降りかかってくるために、それを指摘したテレビはありません。

たとえば建設業界では、下請けや孫請けが問題を起こせばゼネコンが責任を取ります。そのリスクを負っているからこそ、ゼネコンは下請けの上前をはねることが許されているのです。ゼネコンの主たる仕事は施工管理であって、だからこそ現場に最低一人は社員を監督として置き、実際の作業は全部下請けにやらせるわけです。

○○建設にビルの建設を発注した顧客は、完成したビルに不具合があった場合、それが下請けの手抜き工事のせいでも○○建設に文句を言います。もちろん○○建設は下請けを締め付けるでしょうが、顧客に対する表向きの責任は○○建設がとるのです。

下請けに番組制作を発注している今のテレビ局は、まさにゼネコンそのものです。ゼネコンのコンは、「コンストラクション（建設）」ではなくて「コントラクター（請け負い業者）」のコン。ゼネコンとは総合請負業のことですから、この名称は実は建設業界に限ったものではありません。

だとしたら、テレビ局のもっとも重要な仕事とは、番組の内容が正しいかを最終的に検証することであり、放送内容に間違いがないようにして最終的な責任は負うということです。つまりいまのテレビ局は、マージンだけ抜いて、ゼネコンとしてはまったく機能していないということになります。

番組制作会社の情報確認のレベルというのは、もちろん会社や個人の能力にもよるでしょうが、一般に決して高くない。知り合いの編集者からこんな話を聞きました。

下請けだか孫請けだかの番組制作会社のスタッフから「この本に書いてあることは本当ですか？　番組のリサーチで、裏取りをしてるんですが」という電話が、よく編集部にかかってくるというのです。「裏を取る」というのは情報の事実確認をするという意味の業界用語ですが、本の内容はそれが本当だと思うからそう書くのだし、もし仮に嘘だとしても編集部が「いやあ嘘です」と言うはずがないでしょう。テレビでは、この程度で内容を確認したとみなしているとしたら実に噴飯ものです。

さらに、確認しようとしているレベル自体が低い。あるある事件で言うならば、「納豆を食べるとやせる」ということが正しいかどうかよりも、そもそも「やせることはいいことか」というところから考えてほしいものです。

どんな情報もまずは疑ってかかり、検証するという能力は、マスコミにもっとも必要なものです。しかし、マスコミのなかでも特にテレビにおいては、この能力がひどく衰えているのではないかと思います。

そもそも、自分たちできちんと検証できないなら、最初からまともな専門家にしゃべらせればいいようなものですが、これも期待できません。テレビは本当のことを話す人間よりも、自分たちに都合のいい人間を出演者に選ぶからです。

私自身、ある健康番組に出演した際に改めてそのことを思い知らされました。脳の老化予防の話を2回したところ、評判がよかったので3回目という話になったのですが、さすがにもうネタがありません。そこで、プロデューサーが健康雑誌に取り上げられた健康法を持ち出してきて「これをしゃべってくれませんか」と言うのです。とてもじゃないが医学的根拠のない話でしたから断ると、仕事を干されてしまいました。

その手の健康番組にレギュラー出演している医者が、いかに台本どおりにしゃべらされているかということが、よくよくわかった一件でした。

2　「正義」とは被害者と一緒に騒ぐことではない

新たな事件・事故を防げ

エコロジーブームのなかで、冷暖房効率のいい回転ドアが増えています。その回転ドアが、日本中で一斉に使えなくなった時期がありました。2004年、六本木ヒルズで6歳の子どもが回転ドアに頭を挟まれて死亡するという事故の後です。

当時の報道における論調は、少しでもひっかかったらドアが止まるようにしておかなかった森ビルが悪い、というものが一般的でした。死亡事故の前にも、六本木ヒルズの回転ドアで複数の事故が起きていたことも強調されました。こうした点について、森ビル側がより細やかな対応をしていれば、事故は起きなかったのかもしれません。

しかし、このような報道には違和感をおぼえます。事故の原因として回転ドアと森ビルの責任を指摘する一方で、被害者については一切触れていないからです。

たしかに、もともと大人の街としてデザインされた六本木ヒルズは、大勢の子どもが来ることを想定していませんでした。ところが観光スポットとなり、子連れ客が増えてしまった。森ビルの側にも、コンセプトのずれという問題はあるかもしれません。

しかし死亡事故の起きる前にも、六本木ヒルズでは相当な数の回転ドアの前にアルバイトを配置して「危ないですからお子さんと手をつないでください」と連呼させたり、閉まる寸前に駆け込めないよう障害物を置いたりしていたと言います。森ビルもやることはやっていたという見方もできるのです。

私は別に、森ビルの味方でもなんでもありません。また、亡くなられたお子さんやそのご家族は本当にお気の毒だと思っています。ただ、たまたま知り合いのお嬢さんが、回転ドアの前で連呼するアルバイトをしていたため、報道されなかった事実を聞く機会があったのです。彼女によれば、注意喚起の声を多くの親御さんが無視して、ひどい親になると、回転ドアが面白いからと子どもに遊ばせていたといいます（被害者がそうでなかったことは言うまでもありません）。

少なくとも、テレビは視聴者に根拠なき万能感を持たせてはいけない、ということが言いたいのです。森ビルの責任だけを追及することの危険性をどこまでわかっているのだろうか、と思うのです。「六本木ヒルズの回転ドアは子どもがひっかかっても、止まらなかった。だから危ない」という論理からは、「普通の回転ドアは止まるものだ」という教訓を導き出すことも可能です。このような報道を見れば、中には回転ドアというのは子どもがひっかかれば止まるのが普通なのだと思ってしまう人もいるでしょう。

しかし当時の回転ドアは、六本木ヒルズに限らず、まずそういう仕組みにはなっていなかったはずです。事故を受けて森ビルをはじめとする大企業では改良工事を行いましたが、いまだに改良されていないものも多いはずです。ところが、こうしたことはほとんど報道されません。

視聴者にとって事件・事故報道の最大のメリットとは、再発予防です。すでに起きてしまったことはどうにもなりませんが、物事の危険性を知ることによって、新たな被害を防ぐことはできます。被害に遭われた方は、事故の後、「二度とこういうことがないようにしてほしい」と言います。そのお気持ちにこたえるためにも、過度に被害者の側に立った感情的な報道は、次の被害者を減らす方向に働いていない可能性があることを考慮すべきではないでしょうか。つまり、回転ドアの構造を改良させるだけでなく、保護者にも安全に対する注意を喚起すべきだったと私には思えるのです。

「被害者は神様」が新たな被害を生む

このようなことは、事件報道でも見られます。2004年、大学生の集団レイプ事件が起きた際に、福田康夫官房長官（当時）は記者との懇談で、次のようなことを語ったという記事が出ました（「週刊文春」2007年9月27日号）。

「女性にもいかにも『してくれ』っていうの、いるじゃない。そこらへん歩けば、挑発的な格好してるのがいっぱいいるでしょ。世の中に男が半分いるっていうこと知らないんじゃないかなあ。ボクだって誘惑されちゃうよ」

「男は黒豹なんだから。（中略）女性も気をつけなきゃいけないんだよ」

オフレコの発言だったそうなので、福田氏はこのように言ったことを認めてはいませんが、当時は「レイプ犯を擁護するのか」と非難を浴びました。オフレコとはいえ、いかにも問題にされそうな発言をしてしまったことは軽率ともいえます。

しかし、冷静に福田氏の発言（とされるもの）を読むと、一面の真理を突いていると思う人も多いはずです。「性欲だけで悪いことをする男だっているのだから、女性も用心しなきゃいかん」というのは、大人の男性が話す内容としては、常識の範囲内でしょう。そして、被害者を増やさないためには必要な常識だともいえます。少なくとも私だって、自分の娘には同じように教えます。

ある時期から、日本では被害者は「神様」になってしまいました。今日ではメディアで「被害者にも落ち度があった」というようなことを言うと、名誉毀損で訴えられても当然になっています。しかし、実は殺人事件の8割から9割は顔見知りの犯行で、怨恨によるものが数多く含まれているのです。落ち度があるかは別としても、恨まれずにすむよう何らかの予防策を取れたのではないか、という観点は持ってしかるべきでしょう。

それは事故も同じです。たとえば、ほとんどの電車のホームには柵がありませんが、そこから落ちた人がいたら、柵を作らなかった鉄道会社が悪いのでしょうか。ほとんどの人が落ちない中で、たまたま落ちた方にも、なんらかの原因があったかもしれません。

回転ドア事故が起こった頃、私はテレビのコメンテーターをしていました。そこで、コマーシャルの間に出演者同士が「親は手をつなぐべきだったよね」という話をしていると、ディレクターが「それは絶対言わないでください」と止めに入った。親を責めているように受け取られるコメントは、文句を言われるからやめてくれというのです。

しばしば、社会通念や一般常識と思われるようなことと、テレビで言われていることは、ずいぶん違います。前述の「自粛」も、その原因のひとつです。

最近、幼い子どもが親が放置したライターで火遊びをして火事を起こし、焼死してしまうという事故が連続したときにも、同じような報道が見られました。テレビは、なぜか使い捨てライターの安全対策を追及するのです。たしかに、安全基準についても検討したほうがいいでしょう。しかし、好奇心旺盛な子どもはセキュリティがあったとしても突破してしまうかもしれません。そんな対策よりも確実に効果的なのは、子どもの手の届くところにライターを置かないというシンプルな方法のはずです。

テレビの妙な自粛のおかげで、視聴者にとっては何のメリットもない報道がなされます。事件や事故の報道の本質的な使命は、好奇心を満たすことや、「責任者」をとっちめて、カメラの前で頭を下げさせることではないはずです。

「文句を言われる」ことを怖れて、被害者に気を遣いすぎ、腫れ物に触るように扱うことは、そのまま被害者と一緒に感情的な追及をすることにつながります。新聞や雑誌も、同様の傾向がありますが、特にテレビにおいて顕著です。非常に「文句を言われる」ことにナーバスになっているからです。こうした傾向の報道は、二重の意味で被害を増やし、さらには日本人をあさましくしている可能性が高いと言えるでしょう。

薬害エイズの真相

加害者は一方的な悪であり、ひとたび悪と決まったものは完膚なきまでに袋だたきにする、というのはテレビ報道の基本的なパターンです。その一例としてまず想い出されるのが、薬害エイズ事件です。

帝京大学医学部の安部英《たけし》名誉教授といえば、薬害エイズ事件で「人殺し」として散々にたたかれた人物として記憶されています。独特の風貌もあいまって、安部教授はあたかも「殺人医師」であるかのように繰り返し報じられました。

では、その彼の「罪名」は何だったか、答えられる人がいまどのくらいいるでしょうか。実は彼が起訴されたのは、エイズウイルスに汚染された非加熱製剤を流通させたことではなく、たった1件の業務上過失致死罪だったのです。しかも裁判の結果は、一審で無罪。その後、検察が控訴したものの本人の病気により公判停止となり、そのまま病死しました。法的には何の罪も犯していない人、ということになります。

薬害エイズ事件とは、1970年代後半から80年代にかけて、汚染された非加熱製剤という薬を使用したことにより、多くの血友病患者がエイズウイルスに感染したというものです。この事件が薬害と呼ばれる理由は、非加熱製剤の危険性が認識されてからも非加熱製剤を使い続けていたことにあります。この事件をめぐっては、安部名誉教授のほか厚生官僚やメーカー幹部が起訴されました。

薬害エイズ訴訟は当初、国内5000人の血友病患者のうち2000人が非加熱製剤のためにエイズになってしまったという筋立てで報じられました。しかし、2000人のうち1900人はエイズがウイルス感染症であることが明らかになる前に、すでに感染していた人たちだったのです。実はエイズに感染した血友病患者のうち過失が認定された患者はごくわずかで、帝京大学では1人でした。

当時はこう報道されていました。加熱製剤が認可されるまで、以前からあったクリオという薬を使っていれば済んだはずだ、と。しかし非加熱製剤が登場するまで、血友病患者の平均死亡年齢は27～28歳という短さでした。クリオというのは、それだけ不完全な薬だったのです。

しかも非加熱製剤なら、患者が自分で注射できる。血友病というのは、ちょっと怪我をしただけで血が止まらなくなってしまう病気です。クリオは医療機関でないと注射できなかったため、病院で処置を受けられるまで数時間、あるいは運が悪ければ半日も待たないといけませんでした。ところが非加熱製剤ならば、すぐに自分で注射できるというメリットがあったのです。

個人差は大きいものの潜伏期間が5～10年もあるエイズに感染する危険性があったとしても、非加熱製剤を使うことにはそれを上回るメリットがありました。こうした背景はまったく報道されなかったため、医者である私ですら、当初はエイズになることがわかっている薬をよく使えたものだと思っていたくらいです。

しかも当時は、エイズウイルスに感染した際の発症率が判明していませんでした。HTLVというウイルスの感染により発症する成人T細胞白血病では、感染者のうち白血病になるのは100人に1人とされていました。エイズでも抗体陽性の人が全員エイズになるかどうかということは、実際のところまったくわからなかった。こうしたことは、判決要旨にも書かれています。

結局、本当の意味で薬害エイズと呼べるのは、加熱製剤が認可された後も一部で非加熱製剤が使われていたことだけでしょう。そして安部教授自身は、それをしていませんでした。それでも、非加熱製剤の流通にかかわった安部教授の責任は追及されてしかるべきという考え方はあるでしょう。また、法的な責任とは別の責任を追及する姿勢もあっていいと思います。

しかし、「無罪」となったからには一定の配慮をしてもいいのではないか。少なくともそのような視点で、報道内容を検討することは必要ではないかと思います。実際に、多くの冤罪事件では、無罪判決が出れば手の平を返した報道になることがあります。しかし安部教授の時だけは、「ひどいやつ」のままでした。そのため、いまだに一般には

「安部というのは、大勢の命を奪った人でなしだ」と思われています。

林眞須美は本当に有罪か

安部教授に続いて「林眞須美も無罪かもしれない」などと言うと、頭がおかしいのかと思われるかもしれません。しかし、極端な話をすれば、林眞須美を有罪にするのは相当な難題ではないかと思います。これは、彼女が罪を犯していないと言うわけではなく、和歌山県警の集めた証拠では刑事裁判で有罪にすることはできないという意味です。

新聞報道などを丹念に読むと、かなり危うい、状況証拠にもならないような〝証拠〟が根拠になっているように見える。たとえば、被害者から検出されたヒ素と同種類のヒ素を林眞須美が持っていたとしても、同じものを持っている人が何千人もいる場合は決定的な証拠とは言えません。疑わしきは罰せず、とはそういうことです。そのような状況で死刑判決を下すのは、論理的にはかなり危険なことです。

林眞須美をはじめ、犯罪容疑者に注目が集まりだすと、事件とは必ずしも関係のない個人情報が報道されるようになります。それらはもちろん野次馬的な好奇心を満たすものですが、個別の犯罪者のプロファイリングをいくらやっても類似の事件を防ぐことにはつながりません。

報道番組で本当に知らせるべきこととは、「おもしろいこと」より「役立つこと」です。たとえば、ニュース番組などではあまり報道されていないことですが、池田小児童殺傷事件の宅間守や秋田で子ども2人を殺害した畠山鈴香がSSRIという種類の抗うつ剤を飲んでいたことが一部で問題になっています。厚生労働省もやっと、この薬の副作用で暴力性が高まる危険があるということを広報しはじめました。この薬は260万人の患者が服用しています。すでに逮捕された容疑者の属性をあれこれ伝えるよりは、その副作用について伝えたほうが、有益なのではないでしょうか。

かくて冤罪は繰り返される

テレビというのは事実をそのまま映し出しているようでいて、そうではありません。録画だったら映像は編集されていますし、生放送でもカメラワークによって見せたいところだけを切り取っています。

伝えたいメッセージにあわせて情報を加工するのは、どのメディアも同じです。しかし、メッセージの伝わり方の強さにおいて、テレビは他の追随を許しません。映像の迫力と信憑性は活字メディアのそれとは比べものにならない上に、雰囲気に合わせたBGMや効果音までかぶせてくるのですから。

テレビの情報の切り取り方というのは、本当にずるい。ずるいという言い方が悪ければ、うまいと言いましょうか。なかでもそのことが顕著だったのが、「松本サリン事件」でした。臨場感あふれる現場の映像を添えて「この場所で、こんなことをできるのは夫しかいない」と断じれば、みんな信じ込まされてしまいます。

残念ながら、テレビは冤罪の温床です。その背景には、事件報道の情報源が警察一辺倒になっているという問題があります。法の理念に基づけば、裁判が終わるまでは推定無罪です。時には裁判の結果すら正しいとは限らないことは、足利事件のような冤罪事件からも明らかです。

ところがテレビでは、容疑者が逮捕されると同時に、警察発表に則《のっと》った情報を延々と流しはじめます。そこに容疑者はクロだという予断に基づくコメントを付け加える一方で、容疑者側の弁護士や関係者の発言に耳を貸すことはありません。それでは視聴者に、「あいつは悪いやつだ」という印象を与えるのも当然でしょう。しかし、警察は「やった」と思うから逮捕したわけですが、容疑者にすれば「やってない」という言い分がある。視聴者が公平な判断を下すためには、双方の主張を知る必要があるはずです。

週刊誌では、ひとつの事件をめぐってライバル誌同士が異なった立場で意見を戦わせたり、あるいは世間では犯人とされている容疑者の冤罪説をぶちあげたりすることがしばしばあります。たとえば「週刊朝日」では、筋弛緩剤で何人もの患者を殺したとされる仙台の准看護師の弁護側情報に基づいて、冤罪説を記事にしました。

その内容が、結果として正しいか正しくないかは別として、事件に対して異なる見方を提供することにはなります。ところがテレビでは、容疑者をかばう論調は許されません。議論に一石を投ずることより、もっと一般的な多数の意見が最優先されるからです。

このような警察寄りの事件報道は、裁判を検察に有利に進める可能性があります。間接的には世論の後押しという意味で、また直接的には裁判員の判断に影響を与えるからです。新たに導入された裁判員制度によって、偏った事件報道はこれまで以上に裁判の結果に大きな影響を与えるのではないでしょうか。

余談ながら、近年「疑惑の人」とされながらも「推定無罪が原則だ」といった論調によって、テレビでかばってもらう機会が多かった稀有な存在がいます。民主党の小沢一郎氏です。これまで述べたように、小沢氏も推定無罪であることは当然のことです。番記者や〝子分〟たちがこぞって「推定無罪」を喧伝してくれる彼の姿を見て、鬼籍の人となった安部教授や、林眞須美死刑囚がどのように思ったのかはわかりませんが。

必要な実名報道、不要な実名報道

それでも、「疑わしきは罰せずというのは、あくまでも司法の問題であり、灰色の時点でも追及していくのがメディアの役目だ」と確信を持って報道しているのであれば、そういうスタンスもありうるでしょう。しかし、そもそもテレビにそのような確信や信念といったものがあるとは思えません。

ニュース番組ではよく、リフォーム詐欺や年金詐欺という、その時々に多発している詐欺について特集します。ところが、実在の団体や個人を取材しているのに、いくら被害が出ていても逮捕状が出るまでは一切実名が出てきません。たしかに、詐欺の手口を伝えるだけでも視聴者に注意を喚起することにはなります。しかし、その組織名や商品名を知らなければ、詐欺の被害にあう人がでるでしょう。

それなのにテレビは、詐欺師の姿を映像に収めておきながら、放送する時には顔を隠し、音声を変え、匿名にしてやるのです。防犯カメラの映像を流すにあたっても、いまだ逃走中のタクシー強盗の顔にモザイクをかけるという気の使いようです。これでは、テレビというものが視聴者を守るためにあるのか犯罪者を守るためにあるのか、わかったものではありません。

現在進行形で被害者が出ている時に、視聴者にとってもっとも大事な情報は「いま、何に気をつけるべきか」「どの顔が危ないのか」ということです。報道機関であるテレビにとっても、次なる被害を未然に防ぐことは本来的な責務のひとつでしょう。逮捕後に実名と顔写真を出されたところで、視聴者にとっては大したメリットはありません。被疑者が留置場や拘置所から逃走でもしない限り、彼らに騙されたり襲われたりすることはないからです。

むしろ逮捕後の「容疑者」の間は、実名を出さなくてもいいという考え方もあるでしょう。ただし有罪となれば、少年であっても実名でどんどん報道すればいい。

権利にはすべて責任がともなう

諸外国では一般的に、「疑わしきは被告人の利益に」という利益原則と、「何人《なにびと》も有罪と宣告されるまでは無罪と推定される」という推定無罪の原則に基づいて、判決が出るまでは実名報道をしていません。日本より何かにつけて10年遅れているといわれる韓国ですら、裁判が終わるまでは実名報道をしないことになっています。

ただし、それ以前の段階では実名報道ができないかというと、そうでもありません。アメリカでもっとも人気のある報道番組「60Minutes」では、こいつは黒だと判断したら、逮捕前であっても実名を出してバンバン報道します。もちろん、自分たちの確信と責任において、です。

このようなスタンスを取っているのは、日本ではテレビや新聞よりも週刊誌のほうでしょう。彼らは自らの確信と責任において、実名報道をしているからです。詐欺事件などで逮捕状が出る前に実名報道することは珍しくありません。テレビも新聞も記者クラブだなんだと偉そうだけれど、そういう意味では週刊誌のほうがはるかに社会的価値があると思います。

2009年、東京と鳥取で偶然にも同時期に、結婚詐欺師の女が実は連続殺人犯でもあるのではないか、という疑惑が発生した事件がありました。このときも、週刊誌はいち早く名前と顔写真の公表に踏み切りました。彼ら自身の良識と判断に基づいて、です。実のところ、2人の容疑者はすでに詐欺容疑で逮捕されていたのですから、顔写真を出しても問題はないはずです。しかしテレビや新聞は、警察が殺人容疑で逮捕するまで、まったく実名や顔写真を公表しようとはしませんでした。それが、警察が逮捕に踏み切ると、とたんに横並びで実名報道を始めたのです。

ニュースの内容に関してなにが真実であるかは、その時点では検証のしようがありません。しかし、警察が実名を公表すれば自動的に追随するという姿勢は、実名報道の責任を警察に負わせようとするものです。警察が公表しているのだから問題がない、冤罪でも警察のせいで自分たちに非はない、というのですから。つまり、「考えるのは警察、基準を作るのも警察、自分たちには判断能力はありません」ということです。

仮に警察発表に基づく事件報道であったとしても、見せ方やコメントはそれぞれの番組や局次第で違ってくるでしょう。編集権を持つということは同時に責任が生じることであるという自覚が、日本のテレビにはあまりないように思えてなりません。

名誉毀損を怖れるな

逮捕前の確信犯的な実名報道は、現在の日本のテレビではありえません。かつてはまだこのあたりのことは、自分たち自身で判断できていたようにも思えます。

なぜこのようなことになったのか。名誉毀損で訴えられることを恐れるあまり、完全に腰がひけているからです。たしかに裁判で負ければ、多額の賠償金を支払わねばなりません。名誉毀損の損害賠償請求額は、ここ数年で飛躍的に高くなっています。

テレビではめったにないことですが、週刊誌の報道によって事件が暴かれたり、犯人の逮捕につながったりすることは少なくありません。明らかなフライングや、売らんかなの与太記事があっても、そうした意味では週刊誌のほうがテレビよりはるかに社会の役に立っていると言えるでしょう。しかしその社会的使命を果たすにあたって、週刊誌は常時、リスクにさらされています。多数の名誉毀損訴訟を抱え、ときには数百万円から1000万円という損害賠償を命じられているのです。

もちろん悪質なデッチ上げの記事もあるでしょう。それは敗訴しても仕方がないかもしれません。しかし、もともと日本では名誉毀損裁判の判断基準がアメリカなどと異なり、メディア側が圧倒的に不利なようになっています。

売上げの規模でいえば、週刊誌とテレビでは比べ物になりません。300円の週刊誌が毎号50万部売れたとしても年間約75億円。広告収入を加えても、100億円を超えることはないでしょう。しかし、たとえば2009年度のフジテレビの売上げは5838億円です。零細企業のような週刊誌が、リスクを承知で果敢に社会的意義を果たそうとしているのに、公共の電波をタダ同然で使わせてもらっている大企業であるテレビ局が、自社の利益だけを追求していていいはずがありません。

おそらく現場のディレクターたちには、「この詐欺はひどい」とか「被害者を減らしたい」という気持ちがあるのでしょう。しかし、それが報道の内容に反映されることはほとんどなく、テレビが犯罪を減らそうと努力しているふうにも見えません。

そもそもテレビというメディアには、悪意はないにしろ、積極的な善意はない。そう考えると、さまざまな不合理もすっきりとわかるような気がします。事件報道をするのも、単なる好奇心からであり、「社会のため」というのはあとで貼り付けたラベルのようなものなのかもしれない。

センセーショナルな事件報道は、視聴者の知る権利、知りたいという要望を満たすためにあるとテレビは言います。しかしそれは、より高い視聴率を取りたいというテレビの言い訳にすぎません。放送によって利益を得ているのであれば、内容に誤りがあった場合には、責任をとらねばならない。

再審で無罪が確定した足利事件では、警察や検察が菅家利和さんに謝罪しました。テレビだって、警察や検察を批判したり菅家さんを持ち上げたりするだけではなく、自分たちが過去どう報じてきたかについてきちんと検証すべきです。実際に、新聞社はかなり詳細な検証と反省の記事に紙面を割いていました。菅家さんは刑務所にいたから知らないでしょうが、当時の報道を知ったらテレビにも謝って欲しいと思うはずです。

3 「命を大切に」報道が医療を潰す

医療崩壊はなぜ起こったか

テレビは自分たちが大騒ぎすることが、社会にどれほどの影響を及ぼすかということを、まったく考えていません。放送そのものはその場限りでも、彼らの想像以上に影響力は強く、後をひきます。たとえば、テレビが大きな社会問題として取り上げる医療崩壊も、その根っこにはテレビ報道の影響があるのです。

この問題には裁判制度が大きくかかわってきますので、まずは「刑事」と「民事」という概念について簡単に整理しておきましょう。刑事裁判というのは犯罪があったかどうか、そしてそれが刑罰に相当するかを認定するためにあります。もう一方の民事裁判は、個人と個人の間の権利関係を解決するためのものです。

ところが日本のマスコミ、なかでもテレビは、刑事裁判と民事裁判がそれぞれ何のためにあるのかということが、まったく理解できていないようです。そのことは、医療過誤の報道にはっきりとあらわれています。

ひとたび医療過誤が起きると、テレビは一大キャンペーンをはって医者を〝殺人犯〟としてコテンパンにたたきます。そして、それが大きな話題になると、今度は警察が動き出して業務上過失致死で医者に手錠をかけてしまうのです。警察に逮捕され、検察に起訴されれば、医師は刑事裁判にかけられることになります。

しかし、『医療の限界』等の著者で医師の小松秀樹さんも書いているように、医者が医療行為でミスを犯したからといって刑事罰をくらうような国は、世界中のどこにもありません。極端な訴訟社会で知られるアメリカですら、医療過誤によって医者が刑事事件で起訴されることは原則的になく、民事で提訴されるだけです。メスやガーゼを体内に残してしまうというような明白なミスでも、それは同じ。刑事罰が認定されるとすれば、塩化カリウムで安楽死させたというような明らかな殺人の場合です。

なぜなら、医療過誤は過失であって、意図的なものではないから。つまり、故意に傷付けたのでなければ、刑事罰にはそぐわないという考え方です。医療という行為は、きわめて不確実な状況において最善をめざすものであり、先端的で高度な医療になればなるほど不確実性は高くなります。そうした中で、あえて選んだ処置がたまたま失敗して犯罪者の汚名を着せられるのであれば、誰も医者になんかなりっこありません。それは、医者にとって理不尽にすぎるというものです。

だからといって、患者が医療過誤に泣き寝入りするしかないというつもりはありません。医師が過失によって患者に損害を与えてしまった場合は、民事裁判で損害賠償について争えばいいのです。損害賠償ならば保険で対応することもできますし、医師にとっても名誉は傷つきませんから（評判は別ですが）、仕事を続けることもできるでしょう。

医学部に入るためずっと真面目に勉強してきて、万引きすらしたことのないほとんどの医者にとって、自分が刑法犯になるなどということは考えもしなかったことです。ただもう怖ろしくて、「やっぱり産科なんてやめよう」とか「小児科なんかやめよう」「救急なんてやめよう」と思ってしまっても無理はありません。

マスコミと警察が医療過誤を犯罪として徹底的に糾弾することによって、医療は萎縮し、産婦人科や小児科のように訴えられるリスクの大きな科の医療崩壊を招いているのです。この構図は多くの人が指摘し、活字メディアでは常識になりつつあります。ところが、この種の論調はテレビではほとんど見られません。たまにあったとしても、医師を糾弾する報道の量に比べれば、微々たるものです。

刑事と民事を混同するな

この問題については、テレビのセンセーショナリズム以外に、日本の司法制度の特殊性も関係していると思われます。医療過誤も殺人も、あるいはこのところ冤罪が話題になっている痴漢行為でも、刑事事件にも民事事件にもなります。事件の性質にかかわらず、国(検察)が起訴すれば刑事、個人(原告)が提訴すれば民事の裁判が進められるからです。

日本では刑事と民事の棲み分けがきちんとなされていない上に、なんでもかんでも刑事で裁こうとする傾向があります。それは、警察と検察の権力が強すぎるのかもしれませんし、民より官のほうが偉いという伝統的な刷り込みによって、自分で裁判を起こすより、検察官が起訴するほうにより権威を感じるからかもしれません。

しかし刑事裁判では「疑わしきは罰せず」が原則ですから、限りなく黒に近いグレーでも無罪になるということが起こります。そのこと自体は結構なことなのですが、実はこれが被害者にとっては二重に困った事態を引き起こすという点が見過ごされがちです。刑事裁判で「医療過誤はなかったから無罪」「痴漢の事実はなかったから無罪」というような判決を出されると、民事裁判に訴える道が閉ざされてしまうからです。刑事の判決は有罪か無罪かのふたつにひとつですが、判決理由として裁判官が余計なことを付け加えることによって、被害者は泣き寝入りするしかなくなってしまいます。それは、裁判官の僭越というものです。

刑事の裁判官は、無罪判決に納得できない被害者のために、民事で訴える可能性を残しておくべきでしょう。「医療過誤はあったけれど、刑事罰にはそぐわない」、あるいは「痴漢をしたかもしれないけれど、証拠がないから刑事では罰せられない」という判決ならば、民事で損害賠償を求めることができるのですから。

そもそも証拠が残っていないような痴漢事件では、刑事訴訟法の精神から言って有罪にすることはできません。「証拠がなければ罪を問えないならば、痴漢は撲滅できない」と言う人がいますが、グレーなら民事裁判に訴えればいいのです。

1994年に元妻とその友人を殺害したとして起訴されたアメリカンフットボールのスター選手O・J・シンプソンは、DNA検査の結果などから限りなく黒に近いグレーとされるなか、刑事裁判では無罪が確定しました。

ところがその後、シンプソンは被害者の遺族から民事で損害賠償請求を起こされます。こちらは原告側の主張が認められ、彼は850万ドルの支払いを命じられました。当時のDNA鑑定の一致率が1万分の1だということが、刑事では証拠として認められなかったけれど、民事では認められたのです。

刑事では「疑わしきは罰せず」でも、民事では疑わしければ賠償金が取れるといういい例でしょう。日本は弁護士の数を増やす前に、民事と刑事の棲み分けをきちんとしなければなりません。それでなければ、裁判員制度も成り立たないのではないでしょうか。

司法の領域、医師の領域

医師の逮捕に話を戻すと、産科の医療崩壊の大きなきっかけとなったのが「大野病院事件」でした。2004年、福島の県立病院で帝王切開手術を受けた産婦が出血多量で死亡したことについて、06年に担当医が業務上過失致死で警察に逮捕されたのです。

「帝王切開手術で出血死　執刀医を逮捕　届け出も怠る」（読売新聞2006年2月18日夕刊）

「帝王切開ミス　医師逮捕　大量出血予測も強行」（産経新聞大阪2006年2月18日夕刊）

新聞ですらこのような扱いですから、テレビ報道は言わずもがなでした。

ただしこの事件では、医療過誤を犯罪にしてしまうのはまずいという判断が裁判所に働いたのかどうか、結果的には無罪判決が出ています。処置は適切だったため無実、というものでした。しかし、医師の選択した医療行為が妥当なものだったかどうかは、裁判官に決められることではありません。

医療にはその場その場での判断が付き物で、どの処置が妥当であるかは、いざやってみなければわからないということも少なくない。そうした重大な判断を委ねられるために、医師には高度な専門性と医師国家資格を持つことが要求されています。裁判官も検察官も法律の専門家ではありますが、医療については素人にほかなりません。つまり、医師の判断の妥当性を云々するのは、司法の権限ではないのです。

この手術では、前置胎盤というリスクの高い分娩だったにもかかわらず、医師は患者の要望に添って子宮を温存しようとしました。分娩後、癒着胎盤を剥離しようとしたことで、結果として患者が亡くなってしまったことは非常に残念ですが、もし医師が最初から子宮を摘出していた場合、「前置胎盤ごときで子宮を取られて、もう子どもが産めなくなってしまった」と、患者から民事裁判を起こされた可能性もあります。

どのみち裁判沙汰では、医師にとって酷としか言いようのない状況ですが、これが現在の医師を取り巻く状況です。なにはともあれ民事裁判というのは、医療過誤でも自動車事故でも起こってしまった損害に対してどう対処するかということです。こちらに関しては、何が医者の責任でいくら賠償すればいいかは、裁判官に決めてもらうしかありません。

どの名医にも「初めての手術」がある

業務上過失致死罪で起訴された医師が、有罪判決まで受けた医療事故もありました。2002年、慈恵医大附属青戸病院で腹腔鏡手術中のミスによって患者が亡くなったことを受け、3人の執刀医が執行猶予付きの禁固刑を受けたのです。

内視鏡を用いて患部を切除する腹腔鏡手術は、開腹手術に比べて患者に与えるダメージが小さいものの、高度な技術が必要です。3人の医師はいずれも腹腔鏡手術の経験がなく、メディアは当然のごとく彼らを大罪人として扱いました。しかし、医者の目から見れば、この事故は報道が与える印象ほど悪質な話ではありません。単純に技量が足りなかったのが問題であって、決してわざと殺したわけではないからです。

医療にも市場原理がはたらくアメリカとは異なり、日本ではいわゆる名医でも免許とりたての医者でも診察料は同じです。そのため日本人は医療の質もみな同じと勘違いしがちなのですが、医者によって手術の技量には大きな差があります。そこには手先の器用さやセンスもありますが、同様に重要なのが経験です。先の小松氏も言うように、どんな技術も練習なしに最初からうまくいくわけはありません。

例えば世間では、日本でも小児の脳死心臓移植が合法化されたらすぐにたくさんの命が救われると考えられているかもしれません。しかし、どの心臓外科医も現時点では心臓移植については素人同然です。いきなり、これまで経験を積んできたアメリカのようにうまくいくかどうかはわかりません。

どの医者にも、初めての手術があります。さらに医療は日々進歩していますから、最新の治療法はどの医者にとっても初めてのものです。青戸病院のケースは、たしかに慎重さに欠けた面があります。しかし、未熟な医師もいつかは腹腔鏡手術に挑戦しなければ、ずっと開腹手術を続けざるをえません。もしあの手術がうまくいっていたら、青戸病院でも早い時期に腹腔鏡手術がスタンダードになって、患者さんたちの傷もずっと小さくて済むようになっていたでしょう。

医療ミスと呼ばれるものの一部は、実は医療技術の進歩のためには避けられないものなのです。手術ではなく、薬の治験においてもある程度の危険性はあります。新たな技術への挑戦がもし失敗したら、徹底的に弾劾されお縄になってしまうということであれば、医療の進歩というものはありえません。

医療というものは、一定の確率で失敗が起きうるものです。そして、医療過誤は刑事罰の対象にならないことが世界の常識です。そういう大前提を、テレビは決して報じてくれません。完全な成功でないと許さない上に、自信がないからと患者を断れば、今度はたらいまわしだと非難する。いったい医者に、どうしろと言うのでしょうか。

テレビが後先考えず、正義漢ぶって医者たたきに終始したことの結果が、昨今の医療崩壊につながっているのです。もちろん、医療崩壊によって被害を受けるのは一般の患者、なかでも本当に泣かされているのは地方の人たちです。救急のたらい回しは東京でも起きますが、医者不足の田舎とは本質的に状況が違います（テレビがいかに〝東京目線〟で番組をつくっているかについては、後の章で詳しく触れます）。

一連の医者たたきは、いったい誰のため、何のための報道だったのか。1人の医者として、絶望的な気分になってしまいます。

1人の命がなにより大事

それでもなお、次のような反論はあるかもしれません。

「行き過ぎた糾弾は別として、テレビが問題として取り上げた結果、改善されたことだってたくさんあるはずだ。力は善き方向に使えば素晴らしいものだ」

なるほど、テレビというメディアは、建前上はとても「人の命を大事にする」メディアです。臓器移植が受けられない子どもたちのために一大キャンペーンを張って法律を変えさせ、たらい回しになった救急患者がいれば救急病院の「問題点」をたたき、あるいは医療事故で亡くなった人がいれば医者を名指しでたたきます。ところが彼らは、自分たちの影響力の大きさと、その影響力を行使することによってどういう結果を招くかということについては、まったく考えていないのです。

子どもの脳死移植が認められることにより、脳死状態になった子どもは今後、おそらく延命治療を受けることがかなり困難になっていくでしょう。医療事故で医者が逮捕されるようになったことで、リスクの高い診療科は敬遠されるようになり、産科や小児科のさらなる医療崩壊を招くはずです。

改善されたことは素晴らしいかもしれませんが、そのデメリットについては目もくれません。ようするにテレビは、画面に映らない多くの人の命を危険にさらしているということです。

マスコミは一般に、データで全体を紹介するより、目立つ1人に焦点を合わせて報道します。それは、その方がドラマティックで、興味を引いたり、共感を得たりしやすいからです。なかでも、テレビは映像がないとニュースにならないため、その傾向が強い。それは、短い時間枠の中で大きなインパクトを求めることの結果でもあります。

誰だって移植を受けられない子どもの数を示したグラフよりも、かわいい子が鼻からチューブを入れられている映像を見せられたほうが、心を動かされるにきまっています。そういうテレビのメディア特性が、1人の命を守るために大勢の命を犠牲にすることにつながっているのです。しかし現実問題として、テレビが大キャンペーンを張って法律を改正しても、実際には移植を待つ患者さんの1%しか移植を受けられません。残りの99%はこれまで通り亡くなっていくという現実は変わらないのです。

ミクロの発想で世の中を語るな

テレビでは〝絵〟になること、話題性の高いことが最優先されますが、そうしたことは必ずしも統計の上で多いことではありません。むしろ、珍しければ珍しいことほどニュースになりやすい。医療問題に限らず、実はテレビに出るようなことは統計学的に見ると少ない、あるいはめったにないことだと考えた方がいいくらいです。

しかしテレビは、珍しいことが珍しく見えないように工夫してつくられています。もちろん視聴者のメディアリテラシーの問題もありますが、「この出来事は例外的だったので、ニュースで取り上げました」とはだれも言いません。

たとえば、学力低下というのは若者全体のトレンドですが、猟奇殺人を犯すのが今の14歳の傾向とはとても言えません。しかし、テレビはひとつの珍しい出来事、すなわちミクロの視点から、全体を語ろうとします。コメンテーターにも、場の空気に合わせた印象論を語ることが求められています。猟奇事件の話題でみんなが「今の14歳は怖いですね」と盛り上がっているときに、統計的な裏づけをもとに「実際は、少年犯罪の件数は減っているんですよ」と水を差してはいけないのです。私のようにその暗黙のルールを破るコメンテーターは、来週から来なくていいよと言われてしまいます。

テレビがデータを嫌うのは、数字というものは基本的に映像として魅力的でない上に、データを引き合いに出せば、話が複雑になったり、テレビの筋書き通りに行かなくなったりする場合があるからでしょう。新聞や雑誌ならば、グラフを入れた記事はいくらでもあります。しかしテレビのニュース番組などでは、それを見せてきちんと説明するだけの時間も意思もないのです。

患者の延命治療を家族の同意なしで中止したとして、殺人罪で逮捕された須田セツ子さんという医者がいます。須田さんは2009年、最高裁でも有罪判決を下されてしまいました。しかし彼女の著書『私がしたことは殺人ですか?』を読めば、彼女の行為はとても罪に問えるようなものではないと誰もが思うことでしょう。

回復の見込みがなかった1人の患者の延命措置を中止したことで、須田さんは「殺人者」と大々的に報じられました。しかし、その彼女を支援するために3万人もの人が署名をし、そして「殺人者」となったあとに開業医として多くの患者の信望を得ていることは、ほとんど報じられていないように思います。

安易に「殺人医師」を葬っていたら、1人の優秀な医者がいなくなっていたかもしれない。そのような危険性をテレビは承知しているのでしょうか。

4　元ヤンキーに教育を語らせる愚

有名人が日本を動かす

１９５７年に大宅壮一がテレビを評して使った「一億総白痴化」という言葉は、流行語にもなりました。テレビの黎明期には、テレビなんか見ているとバカになる、という文化人がたくさんいたものですが、ここ20年くらいで事態は一変。いまでは、テレビに出ている人を指して「文化人」と言うようにまでなっています。

一昔前まで、一流大学の教授がテレビに出るなどということはけしからんとされていて、テレビに出れば二流学者とバカにされたものでした。ところがテレビが影響力を増すにしたがって、テレビに出ているのが偉い学者で、そうでなければいくら論文を書いていても二流と見られてしまうようになったのです。

世間では一般に、テレビに出ている人は偉くて賢い、あるいは信用できると思われています。その証拠に、私がちょっとテレビに出ると、患者さんはすぐに「先生、こないだテレビで見ましたよ」と嬉しそうにします。

しかし、ちょっと待ってほしい。自分で言うのもなんですが、私は日本における老年精神医学の数少ない専門家を自負していますし、医者として20年以上のキャリアと3年のアメリカ留学経験があり、医療関係の本もたくさん書いています。そういうことはうっちゃって、テレビに出たというだけで医者としての格が上がったように言われては、「おいおい、勘弁してくれよ」という感じです。

それはさておき、テレビの「文化人」は、テレビを通じて社会に影響力を振りまくだけではなく、政策にまで影響を与えています。いまや、政府の審議会委員は学識経験者などの専門家ではなくテレビに出ている人間ばかりです。それはニュースバリューを高めるためで、したがって話題にしたい審議会ほどテレビ的有名人の寄せ集めになってしまっています。

知名度で選ばれた委員でも、きちんと勉強して審議会に臨んでくれるならばいい。しかし、たいていは思い込みで発言するか、役人の筋書きに乗せられてしまうかのどちらかです。

たとえば2006年、当時の安倍総理のもとで内閣に設置された教育再生会議（09年廃止）には、3つの分科会があって15の小委員会がありました。しかし、議事録によれば12回あった総会で資料を用意してきた委員は16人中7人しかいない。

しかも、子どもたちの学力低下を何とかするために集まっているにもかかわらず、「いじめ自殺」が起こると議論の内容は〝いじめ会議〟にすり変わってしまいました。完全にテレビの論調に、ひっぱられてしまっているのです。これでは「21世紀の日本にふさわしい教育体制を構築し、教育の再生を図っていくため、教育の基本にさかのぼった改革を推進する」という大きな目的を果たすべくもありません。

人気者だけが偉い社会

有名イコール一流という風潮は、いまや政治の世界にも浸透しています。宮崎の東国原英夫知事であれ、大阪の橋下徹知事であれ、政治家になる前はテレビの人気者でした。

政治家になった後も、全国の知事の中でも圧倒的にテレビの注目を集めています。選挙に際しては、政治的な手腕を持っているかどうかよりも、とりあえず知名度が高いほうが「偉い」とされていることは間違いありません。

国政選挙でも「人気者」、つまりマスメディアと仲がいい人ほど有利です。タレント候補の当選は後を絶ちませんし、このところ地盤は地方であっても小学校から東京で教育を受けた総理が続いています。大手マスメディアは東京に集中していますから、東京出身者ほどマスメディアと距離が近いのです。

こうした傾向が顕著になってきたのは、派閥の力が弱まった頃からです。かつての派閥の領袖というのは、大衆に人気のある政治家ではなく、政界の実力者でした。おそらく1994年に小選挙区制が導入されたことで派閥よりも幹事長の権限が強くなったことに加え、小泉首相が派閥の力を大幅に弱めたというようなことが関係しているのでしょう。派閥の解体といえば聞こえはいいけれど、要は衆愚政治です。

これほどまでに社会に蔓延してしまった「人気者ほど偉い」という価値観は、子どもの世界でも支配的になりました。森口朗さんは著書『いじめの構造』で、「スクールカースト」という構図について詳しく述べています。

スクールカーストとは、友達の多さによってつけられた序列のこと。いまの学校には、1軍、2軍、3軍、あるいはイケメン、フツメン、キモメンと呼ばれる〝カースト〟があるそうです。もちろんこのような格付けを学校がするわけはなく、あくまでも子どもたちの間のルールですが、カーストと呼ばれるようにその序列は絶対です。

誰もが、1軍あるいはイケメンと言われるクラスの人気者と仲良くなり、3軍あるいはキモメンに落ちることをなんとしても避けたいと思っています。そのため、クラス全員が、あるゲームが流行ったらそのゲームをし、あるマンガが流行ればそのマンガを読み、あるテレビ番組が流行ればそのテレビ番組を見て、同じ話題で盛り上がるというようなことが起こっているのです。

スクールカーストにおいて、いじめというのは殴ったり蹴ったりすることではありません。仲間はずれにさえしない。人気者でなくしてしまうということが、それだけで精神的にひどいいじめになると森口さんは分析しています。

スクールカーストの恐ろしいところは、誰もそのヒエラルキーから逃れることはできない上に、その最下位に置かれたら人間性が否定されるということです。いかに勉強ができようが、スポーツができようが、家柄が良かろうが、〝イケメン〟の価値観と合わなければ下位に序されてしまうらしい。スクールカーストは、ほかのすべての価値観を排除するものなのです。

勉強で序列をつけることと、友達の多寡で序列をつけることの、どちらが子どもの精神衛生上いいことかというと、圧倒的に勉強のほうだと私は思います。そこには「勉強はできないけど性格がいい」「勉強はできないけど友達が多い」「勉強ができないけどスポーツができる」というような、複数の価値観が存在しえるからです。

人気者になれるかどうかのバロメーターのひとつが、ウケるかウケないかです。私は関西人ですから実感することが多かったのですが、そのセンスには思いのほか大きな個人差があります。

たとえば吉本興業に入るような人の多くは子どもの頃からの人気者ですが、それでもどんどん落ちこぼれていって、テレビの人気者になれるのはほんの一握りだけ。プロのレベルでなくとも、人気者になって、しかも人気者であり続けるというのは、決して簡単なことではありません。しかも、勉強やスポーツならある程度は努力が報われますが、人気者というのは、生まれつきとまでは言わないにしろ、努力ではどうにもならない部分があるものです。

だとすれば、スクールカーストで下位になってしまった子どもたちは、「友達なんかいなくてもスポーツができるからいいんだよ」「おまえは勉強を頑張ればいいじゃないか」と、かばい、はげましてやらなければならない。しかし、本来ならその役割を果たすべき教師が、子どもたちと同じ価値観を共有してしまっているのです。

昔の学校は「とにかく勉強しろ、みんな頑張れ」という、能力主義でした。ところが今では、勉強やスポーツの成績で序列をつけることが差別とされ、みんなが仲良くしているのがいい学校だとされています。

ある時期から学校では、テストの成績が張り出されなくなり、運動会で順位を付けなくなり、さらには学芸会でも主役を決めないようになるという具合に、ありとあらゆる競争が撤廃されていきました。その一方で先生が「いじめはいけない、みんな仲良くしなさい」と言い続けるものだから、結果的に子どもたちの中では、友達が多いほど偉いという暗黙の新しい序列が生まれたのです。

元ワルはずっとワル

この話がどうテレビとつながるのか。学校教育から競争を排除しようとしたのは教育委員会かもしれませんが、バカでもいいから人気者であることのほうがいいという価値観を、子ども社会に刷り込んだ最大の責任者はテレビだからです。

テレビドラマのひとつのパターンとして、「勉強ばっかりやってるやつはダサい」「勉強よりも人間愛」という価値観があります。「金八先生」から「ごくせん」にいたる、相当にメジャーな系譜です。同様の価値観は、バラエティ番組でも共有されています。

バラエティ番組では、元暴走族の役者や弁護士が出てきて「子どもの頃ちょっとワルだった奴の方が、人の気持ちがわかる」だとか、「やんちゃしてたくらいの方が、世の中に出てから役に立つ」というようなことを言います。

なるほど、本当にそうであるならば心温まる話ですし、子どもの素行に悩まされている親御さんには朗報です。しかし残念なことに、役者はともかくとして、子どもの頃ワルだった人間が更生して弁護士になるというのは極めて稀なケースです。仮にワルだった方が弁護士になりやすいのであれば、そういう人間がもっと大量にいるはずでしょう。ところが、珍しいからこそ、その人はテレビに出ているのです。

実際、少年院入院者の再犯率は16〜17％にのぼります。また、刑務所の新入所者のうち10％近くは少年院経験者です（平成21年版「犯罪白書」）。少年院に入る子どもは2００〜３００人に１人ですから、子どもの頃ワルだった人間が犯罪者になる確率は一般人口の20〜30倍も高いということです。

テレビでは出演者のごく特殊な体験が、まるで普遍的な事実であるかのように語られます。これを心理学の言葉で、「個人的な体験の一般化」と言います。何度でも繰り返しますが、テレビのニュースになるのは大抵が「犬が人間を噛んだ」ことではなく、「人間が犬を噛んだ」場合です。普遍性のあることや、統計上多いことではありません。テレビでは常に珍しいことを放送し続けなくてはならないからこそ、実際は例外的なことをあたかも一般的なことのように錯覚させるのです。

確率論から言えば、優等生であるほうが弁護士になる確率が高いのはもちろんのこと、真人間として生きていく確率が高いのも当然です。「子どもがグレても、ほっといたほうがいいっすよ」などという言葉を信用してしまった親は、一体どうなるでしょうか。それで子どもが人を殺してしまったり、親が家庭内暴力で殺されたりしてしまったら、テレビはどう責任を取るというのでしょうか。

不良礼賛をやめろ

元不良がテレビに出てくることは、子育てについて危険な誤解を与えるという以外にも問題があります。それは、被害者に悪影響を与えるということです。

彼らが元暴走族や元不良である以上、被害者は必ずいます。彼らにボコボコにされたとか、彼らのせいで不登校になってしまった、あるいは下手をするといまだにＰＴＳＤに苦しんでいる人もいるかもしれません。

不良から「更生」した人がよく言うのが「俺は不良だったけど、弱い者いじめをしたことがない」といった台詞です。いつも自分より強いやつと戦って勝っていたというのですが、そこには論理的な矛盾があります。普通なら自分より弱い相手でなければ勝てませんし、自分より強い相手に勝つためには凶器を使ったり集団で囲んだり、相当卑怯な手段でない限り勝てません。いくら正当化しても、被害者は絶対にいるはずです。

何も私は、不良が更生すること自体にケチをつけたいのではありません。どうせ少年院に閉じ込めているなら、そこで全寮制の進学校なみにみっちり勉強させて、東大や医学部にどんどん合格させればいいと思っているくらいです。

将来的に自立できるだけの手段を身に付けさせなければ、更生はできません。その手段は昔なら肉体労働でよかったかもしれませんが、現代の知識社会では、受験勉強のほうが職業訓練として適切かもしれない。医学部に行きたいならあの少年刑務所がいい、というような話になってもいいでしょう。

少年時代に不良だった人間が、更生して弁護士になろうが医者になろうが、それはそれでかまいません。少年犯罪では前科がつきませんから、倫理的な問題は別として、どんな職にも就こうと思えば就けます。ただし、だからといって「オレは人を殺したけど医者になったぜ」とか「元不良でも今は弁護士だぜ」と、威張ってテレビに出てもらっては困る。被害者やその家族が彼らの顔を見たら、フラッシュバックを起こしてしまう可能性が高いからです。

元不良がテレビに登場しても、ほとんどの視聴者にはなんの影響もありません。しかし被害者はそれを見ることによって、さらなる被害を受けてしまう。少なくとも、その「痛み」をわかったうえで本人たちは顔をさらすべきです。また、「そんな被害者はいない」というのであれば、「元不良」の看板は偽物ですから、降ろしたほうがいいでしょう。騒音も出さず、道交法違反もしない暴走族なんていないのです。

テレビは元不良の更生を、美談として取り上げたがります。誰にでもわかりやすいストーリーだからです。被害者のメンタルヘルスに対する視点をまったく欠いたまま、加害者を平気で持ち上げる無神経ぶりにはあきれるほかありません。

一方ですでに述べたように、テレビというのは視聴者の抗議にはめっぽう弱い。たった1人でも抗議してくると、震え上がってしまいます。この矛盾した態度は常識的には説明できないものがありますが、彼らなりに「禊《みそぎ》を終えた」とされる人については、極めて甘い。しかし、その「禊」とは何かといえば、「各局に顔を出している」という程度のことにすぎません。そして「各局に顔を出せる」人とはどういう人かといえば、たとえばタレントやそれに準じる活動をしている「文化人」なのです。

国民の義務もなんのその

テレビはそもそも、教育についてある重大な勘違いをしています。それは、子どもに教育を受けさせるということは、親の自由でも子どもの権利でもなく、憲法で定められた国民の義務であるということです。それなのにテレビは、安達祐実や亀田三兄弟の親に子どもを学校に行かせていないことを公言させ、それを肯定するようなコメントを出演者に語らせます。

日本国憲法第26条第2項には、「すべて国民は、法律の定めるところにより、その保護する子女に普通教育を受けさせる義務を負ふ」とあり、この教育義務は「国民の三大義務」として「勤労の義務」、「納税の義務」と並び称されるものです。違憲というと、とかく憲法9条の話題になりがちですが、教育義務違反は重大な憲法違反なのです。同様にテレビで軽んじられているのが、納税の義務です。芸能人の脱税は後を絶ちませんが、「芸人ですから」と笑って済ませてしまう。それでも彼らがテレビから追放されることはありませんし、テレビが大スポンサーであるパチンコ業界の脱税を指弾することもありません。

テレビでは教育義務違反や納税義務違反を、あたかも工夫か選択肢の1つであるかのように言います。しかし、納税義務と教育義務というのは数少ない国民の義務です。勤労義務は有名無実のようなものですから、実質的には2つしかない義務と言っていいかもしれません。その義務を無視している人をテレビに出し、堂々と憲法違反の勧めをし、社会に深刻な影響を与えているのです。

芸能界で稼げている人たちはまだしも、普通はこのご時世に義務教育も受けていなかったら仕事などありません。また、税金なんて納めた方が損をするという考え方を流布させることによって、脱税や滞納者が増えれば、すでに大きな赤字をかかえる国庫はさらに逼迫します。憲法違反する人が増えれば増えるほど、重い負担を強いられるのはまっとうな国民です。

私は何も、法律で定められていることがすべて正しいとは言いません。違反した時の影響も、法律によってさまざまでしょう。しかし、その法律の是非を提起することは結構ですが（テレビが憲法改正を声高に言うべきかどうかはともかく）、日本が法治国家である以上、現行の法律は守らなければならないというのが前提です。まして、他の私企業や個人に極端なまでの法令順守を求めているテレビであれば、なおさらでしょう。

それなのに不倫や淫行なら即降板でも、最高法規である憲法に違反しても意にも介さない。ある種の道徳に関しては過度に規範的な割に、法律の重みを平気で無視できるのは不思議というほかないでしょう。

ゆとり教育前史

いわゆる「ゆとり教育」がここ数年で批判されるようになるまで、テレビは長きにわたってバラエティやドラマはおろか、ニュース番組などの教養番組などでも「勉強害悪論」を撒き散らしてきました。そのために日本の教育は現在、深刻な状況にあります。以下、戦後の教育史をざっと俯瞰してみましょう。それは「社会常識」が「テレビ的価値観」によって改悪されていく歴史でもあります。

「四当五落」（4時間睡眠で勉強する受験生は希望の大学に受かるが、5時間も寝ていたら受からない、の意）という言葉が「螢雪時代」で喧伝されたのが昭和30年代早々で、受験勉強に関しての批判は当時からしきりになされていました。勉強ばかりしていると創造性が育たないだとか、心が荒れるというような一連の論調には、なんの根拠があるというのでしょう。

少なくとも受験生の睡眠時間に関しては、その当時、3000人以上の大規模な調査をした学者がいて、東大合格者は平均8・2時間も寝ていた、つまり四当五落は根も葉もないことだったことが明らかになっています。

しかしテレビが市民権を得て、テレビに出ている人が文化人だと見なされてくると、世論をリードし、選挙に莫大な影響をもたらすといわれるような人たちが、いわゆる真面目な番組でもしきりに「勉強害悪論」を繰り返すようになります。久米宏しかり、筑紫哲也しかりでした（実はこの手のオピニオンリーダーの多くは一流大学を出て、その地位を得たにもかかわらず、その恩恵については不思議なほど触れません）。

もちろん新聞もその片棒を担いでいたことは間違いありませんが、テレビの影響力が強まるのと時を同じくして、そうした論調がどんどん具体的な教育政策に反映されていったことは見逃せない事実です。その結果が、やっと見直しがはじまったゆとり教育なのです。

まずは、戦後教育の変遷について、簡単に押さえておきましょう。ゆとり教育につながる公教育凋落のきっかけは、終戦直後にさかのぼります。１９４８年に発足した新制高校には、小学区制、男女共学制、総合制といういわゆる高校三原則があり、「希望者全員入学」が建前でした。

学区ごとにひとつの高校しか受験できない小学区制は１９５０年代に全国で導入されましたが、学力の低下につながるとして60年代までに姿を消します。しかし蜷川虎三という革新系の京都府知事は「十五の春は泣かせない」という有名なスローガンをかかげて、この制度を堅持しました。京都府では66年から85年まで全国で唯一小学区制を継続し、そのために公立高校の教育レベルはガタガタになったのです。

東京都で１９６７年に導入された学校群制度も、かつての名門都立高をダメにした元凶として知られています。ほとんど準備期間なしに作られたこの制度では、たとえば日比谷高校に入りたくても、受験が九段高校、三田高校とセットになっていて、合格してもどの学校に行けるかはくじ引きで決まるのです。実はそのためにレベルが上がった学校もあるのですが、そういう乱暴なことが１９８１年まで行なわれていました。

１９６８年、東大合格者数で20～30年の長きにわたってトップの座を守ってきた日比谷高校は、初めて灘高に抜かれます。世間では、それが学校群制度の影響であるかのように論じられましたが、実際はまったくの誤解です。

なぜなら、学校群制度のもとでの初めての卒業生が出るのは１９７０年ですが、その時点で日比谷高校は東大合格者数で５位まで順位を下げています。しかも、この年の数字はあてになりません。なぜなら、学生運動のあおりで69年は東大入試がなかったため、70年の合格者には69年卒の人たちが多く含まれているからです。そこで、あらためて71年の数字を見ると、日比谷は13位にまで落ちています。

実は、学校群制度が名門日比谷高校を東大合格者数トップの座から引きずり下ろしたのではなく、もともと落ちかけていたところをダメ押ししたということにすぎないことがわかります。

日教組が生んでテレビが育てた

竹村健一氏が「モーレツからビューティフルへ」というコピーを発表したのは、1970年のことでした。すでに60年代後半には団塊の世代が大学受験を迎え、受験戦争という批判的なニュアンスを持つ言葉が生まれています。

当時、テレビでどのような受験批判が繰り広げられていたかについては、前述のようなその時代のテレビの特性として記録が残っていません（これがまた問題なのですが）。しかし、日本人のほとんどが「日本の子どもは勉強ばかりさせられている」「受験勉強のせいで人間性が育たない」というような受験批判を刷り込まれていたことからすれば、何らかの形でテレビがそうした発言を繰り返していたことはほぼ間違いないでしょう。

またもともとは難問を廃し、受験競争を緩和させるために1979年から89年まで実施された共通一次試験は、逆に偏差値至上主義の元凶ともされました。80年代にかけては校内暴力やいじめ、登校拒否まですべての原因が、受験やそれにともなう詰め込み教育に求められるようになり、マスコミ、なかでもテレビが受験競争そのものを悪いことであるかのように論じるようになったのです。結論から言うと当時のマスコミによる批判は明らかに行きすぎで、いまは揺り戻しがきている状態ですが、ゆとり教育がはじまるのはこの70年代以降のことでした。

一般にゆとり教育という言葉は、98年に制定され2002年に施行された新学習指導要領のことを指します。たしかに、この言葉が世間を大きく騒がせたのはこの頃のことですが、そもそもゆとり教育とは72年、日本教職員組合が学校5日制とともに提起したものです。

ゆとり教育路線が決定的なものになったのは、1984年に設置された臨時教育審議会でのことでした。中曽根首相の私的諮問委員会である臨教審は幅広く教育問題を論じる場でしたが、そこで政財界一丸となって学歴社会や詰め込み教育、競争教育を批判したのです。

当時の財界がゆとり教育を支持したのは、おそらく自分の子どもに後を継がせたいがためだと、私は思っています。つまり東大を頂点とする学歴社会が続けば、幼稚舎から慶應に通っている自分の子どもを後継者には指名しにくい。それ以外に、積極的な理由は思い当たりません。

なぜなら、もし経営者が東大出は仕事ができないとか、創造性がないからこれからの時代に合わないと考えていたのであれば、そうした人間を採用しないはずです。しかし臨教審が学歴批判をしていた時期であっても、企業の採用活動で東大出身者を採らないようにしたという話は、聞いたことがありません。明らかにダブルスタンダードです。そして世界的に見ても、経済界が子どもに勉強をするなと声高に主張したのは日本くらいでしょう。

政治家は人気取りのためにゆとり教育を推したはずで、その世論を大きく誘導したのがおそらくテレビでした。そのテレビが、今頃になってゆとり教育と日教組を結びつけるようになっていますが、当時の日教組にそんな力はなかったと私は思います。民主党政権では日教組が強くなってまたゆとり教育に戻るということも言われましたが、教育の世界で日教組が影響力を持ち得たのは、せいぜい80年代の末頃まででしょう。

日教組の弱体化は以前から言われてきましたが、それはモンスターペアレンツの温床にもなっています。教育委員会というのは事なかれ主義ですから、モンスターペアレンツからクレームがつけばすぐ謝って、教員たちに対しても「謝れ」と言う。しかし、もし日教組が強ければ現場の教師が従うはずがありません。教育委員会と日教組の力関係というのは、おそらく80年代に逆転したのではないでしょうか。

元より少ない授業時間

2002年以前にも、義務教育の授業時間は減り続けてきました。

初めて授業時間が減らされることになったのが1977年改正、80年実施の学習指導要領で、その次が89年改正、92年施行のものでした。京都大学経済研究所の西村和雄所長のデータによれば、小学校6年間の主要4科目の授業時間は、71年の時点で3941時間であったものが、80年には3659時間、92年に3452時間、02年にはなんと2941時間まで削られています。

学習指導要領の改正にあたって授業時間を減らす根拠となったのが、「日本の授業時間は他国に比べて長い」という主張でしたが、実はこれがとんだでまかせです。OECDのデータで見ても、2002年以前の時点で、日本の授業時間数は欧米と比べても決して長くありません。

日本の子どもは外国の子どもと比べて勉強のしすぎでかわいそうだ、という批判がいかに事実とかけ離れているかを示すデータはいくらでもあります。たとえば財団法人日本青少年研究所によれば、中国の中学生が学校と家庭と塾を合わせて1日14時間勉強しているのに、日本人は全部あわせても8時間だけ。韓国は約10時間で、日本の中学生は北東アジアでもっとも勉強しない中学生なのだそうです（「中学生・高校生の生活と意識」２００９年）。

勉強時間の減少は、学力低下の大きな原因ともなっています。ＯＥＣＤでは２０００年から3年ごとに生徒の学習到達度調査（ＰＩＳＡ）というテストを行っていますが、調査の開始以来、日本人の読解力が国際平均を超えたことはありません。もちろん英語ではなく、日本語の読解力です。

かつて世界一の識字率を誇った日本の国語力が、いまやＯＥＣＤでも平均以下という状況になっていて、香港のようなバイリンガルの国よりも低いという結果が出ていることには驚くほかありません。日本人が強いとされてきた数学も、２０００年には1位でしたが、2003年には6位、2006年には10位まで落ちています。理由はともあれ、日本の子どもたちの学力が激しく低下していることは明らかです。

東アジアにおける危機というと、どうしても北朝鮮や中国の軍事的危機ばかりが伝えられます。しかし、実はもっと重大な問題が起こっていました。日本が学力で韓国や中国に抜かれてしまっていた、ということです。北朝鮮も、あるいは日本に攻めこんできたり、テポドンをぶっ放したりするかもしれません。しかし、現実的に今そこにある国家的な危機という意味からしたら、学力低下のほうがはるかに大きな問題です。

今後5年、10年という期間で見た時に、確率の高さといい、危機の大きさといい、北朝鮮問題とは比べ物になりません。学力で負けるということは、そのまま日本製品のクォリティが韓国や中国に抜かれたり、貿易で負けたりという、あらゆることにつながるわけですから。

アジア最下位の英語力

日本人一般に共有されている教育についての誤解には、「日本人は英語の読み書きはできるのに、会話は苦手」というものもあります。

このことは定説のように言われていますが、TOEFLの成績で言えば、この試験がはじめて実施された1964年以来、日本はアジア諸国でも最下位に近いレベルで推移してきたのです。たしかに得点の内訳をみると「スピーキング」が最低で、「リーディング」「リスニング」「ライティング」のほうがややマシですが、それは「日本人は英語ができないが、なかでも会話は壊滅的」ということにほかなりません（スコアデータサマリー2009年版）。

にもかかわらず日本では、アシスタント・イングリッシュ・ティーチャーなどというものを導入して、ただでさえ週に4時間ほどしかない中学校の英語授業の半分を会話に割いています。また、2010年からは小学校で英語が必修となりました。国語力が落ちている中で、国語の時間を削ってまで英語の歌を歌うような〝お遊戯〟をさせて、どうしようというのでしょうか。

学校教育に関する誤解と、それによって歪められた教育政策に対して、テレビがどれほどの影響を与えたかを正確に把握することはできません。しかし、我々一般国民がその勘違いを共有しているということは、常識的に考えればその情報を新聞で読んだかテレビで見たかのどちらかでしょう。

実際に、テレビはニュースなどの比較的まじめな番組を通してすら、「日本人は英語を6年も習っているのに、ろくに会話ができない」「文法をいくら教えても、英語を使えるようにはならない」という批判を続けてきました。しかし、6年間学んでも英語ができないのであれば、授業時間をもっと増やせというのが論理的な帰結です。また文法の基礎やまともな語彙を習得しなければ、片言のトラベル英会話はできたとしても、英語できちんとした議論を交わせるようにはならないでしょう。

さらにいえば、そもそも「詰め込み教育が創造性のない人間をつくる」という主張自体が大きな間違いなのです。そのことは、日本人ノーベル賞受賞者が2人の例外（この人たちも国立大学の出身です）を除いてすべて旧帝大卒という、いわゆる学歴エリートであることからも明らかでしょう。ゆとり教育を推進したことで批判される元文部官僚の寺脇研氏も、ラ・サールから東大に進んだエリートです。

私は、詰め込み教育が悪いとはまったく思いません。むしろ、詰め込みは実に効果的な学習法です。ただし、せっかく詰め込んだ情報も、必要に応じて引き出すことができなければ意味がありません。悪いのは詰め込みっぱなしにすることであって、たとえば同じ問題を繰り返し解いたり、そのことについてブログに書いたりすることによって、きちんと引き出す訓練をしてやればいいのです。

危機感のない子ども

先の日本青少年研究所が２００７年に発表した、「高校生の意欲に関する調査」という報告書があります。日本、アメリカ、中国、韓国の５７００人の高校生に対して行なわれたアンケートですが、その結果からはテレビ的価値観の影響がうかがわれます。

卒業後は「国内の一流大学に進学したい」と答えたのは日本は20・4％、「偉くなりたいか」という問いに「強くそう思う」と答えた割合も8・0％とそれぞれ4カ国中最下位。そして、人生の目標は「たくさんの友達をもつ」ことであり、偉くなることについては「責任が重くなる」「自分の時間がなくなる」と否定的な評価をしています。

この調査の結果にあらわれた「勉強や出世にガツガツするなんてダサい、そんなことより仲間が多いほうがずっと価値がある」という日本の高校生の言い分は、まさにテレビの価値観です。最近でいえば「ごくせん」や「ROOKIES」がいい例でしょう。いずれも原作は人気漫画ですが、これらに破壊的影響力を持たせたのはテレビです。金八先生には、まだ勉強を教えようという気概が見られましたが、現代のドラマにそのような良心はもうありません。

高校生の考えることのほとんどは、親かテレビの受け売りです。しかも高校生はふつう新聞を読みませんから、親が新聞とテレビの両方から影響を受けていたとしても、全体としてはテレビの影響が強く現れると考えられます。

もちろん先進国より途上国で上昇志向が強いのは当然のことですが、日本の高校生はアメリカの高校生に較べてもはるかに上昇志向が低かったのです。調査がおこなわれたのは2006年。すでに、日本がこの世の春を謳歌した時代は過去のものになっていました。90年代にはバブルがはじけ、競争社会や構造改革ということが言われるようになり、自殺者が急増します。

こうした現状に即して、周囲が子どもたちに「ちゃんと勉強しないと、これから食っていけないよ」と言わなければならないのは明らかなのに、日本のメディアが論調を変えることはありませんでした。引き続き、一流大学に行きたいとか偉くなりたいという考え方を否定し、のんびり暮らすのが当たり前の幸せだというような価値観を垂れ流し続けたのです。

これでは、子どもたちが危機感を持たなくて当然でしょう。そして、夢のない子どもは「そこそこでいいや」と考えるようになり、〝夢のある〟子どもとて、「偉い人とはテレビに出られるような人だ」という誤解を持ったまま成長してしまいます。大人にもそんな誤解が蔓延しているからこそ、私もテレビに出たあとは、何だか尊敬されたりするのです。

こうして日本では、ちゃんと勉強して立身出世したいという子どもはいまやマイノリティになってしまいました。

フィンランドのテレビ

ＰＩＳＡで、ほとんどの分野で常に1位か2位に入るのがフィンランドです。かの国の義務教育では中3にあたる最終年次を除いてテストで成績をつけないのですが、それでもこれだけの結果を出している。そうしたことから、フィンランドの義務教育は世界一だと言われています。

フィンランドの学校ではひとクラスの人数が少なく、1時間黒板に向かって授業をした後は、次の授業は4～5人のグループに分かれて問題を出し合ったりと、定着度重視の教育をしています。これが学力の高さにつながっているというのはよく言われることですが、問題は競争も強制もしないのに、なぜ子どもたちが勉強をするかということです。

左翼の人たちは、このフィンランドを例に挙げ、「だから教育に競争原理を持ち込んではいけないのだ」といった主張につなげます。彼らには、ゆとり教育のせいで日本の義務教育がガタガタになってしまったことへの反省を求めるべくもありません。

それはともかくとして、フィンランドの教育がうまくいっている理由はなんでしょうか。1つの仮説としては、わからないところを残さないように授業をしているから、みんなが勉強についてくるということがあげられます。勉強というのはできる子にとっては必然的に面白いもので、できない子には面白くないものだからです。ここで重要なのは、わからない子にレベルを合わせるのではなく、わからない子にわかるようにしているということです。

それからもう1つは、価値観の問題です。長年ロシアやスウェーデンに占領されてきた上に、資源もなく、少子化も日本よりずっと前から進んでいるフィンランドでは、国家の存続に対するある種の強迫観念がある。勉強ができることが素直に尊敬されるお国柄で、ノキアの社長が「ノキアの社長になっていなかったら、学校の先生になっていた」というぐらい教師が尊敬されていて、子どもたちも「あなたがたがちゃんと勉強しないとこの国はだめになるよ」と言われて育ちます。

さらに、私は雑誌の取材で現地に行って、非常に面白い話を聞くことができました。フィンランドのテレビにはバラエティ番組がないというのです。親が5時や6時に家に帰ってくる国ですから、テレビも家族みんなで見ます。そこで子どもに人気のある番組がどういうものかというと、1位が討論番組で2位がニュース、3位がドキュメンタリーだそうです。

もちろん、子ども番組はたくさんあって、アニメも放送されています。ただ、日本でやっているような、おバカ芸人が出てきてくだらないことを言ったり、「勉強ばっかりしてるのはダサいぜ」というような変な価値観を押し付けたりする番組はありません。この点は見逃せないと思います。

学力は親次第

テレビ業界は下請けプロダクションなどは別にして、キー局の正社員ともなればみな一流大学の出身で、たいへんな高給取りです。誤解を恐れずに言えば、テレビというメディアのもっとも罪深いところは、知的レベルの高い人たちが、自分たちより知的レベルの低い人たちをだまくらかして、社会を悪くしているということでしょう。

日本の左翼運動は、80年代からものすごい勢いで衰退していきました。マスコミにはまだ左翼が生き残っていますが、テレビマスコミの人間は確信犯の左翼ではありません。したがって、放送では学歴批判をしながら、自分たちの子どもは有名学習塾に通わせ、私立の中高一貫校に通わせるのです。

私の知る限り、テレビ局の正社員の多くが子どもを私学にやっています。キー局が集中している東京では中高一貫校の進学率が3割を超していますし、年収1500万円以上なら一貫校に行かせるのが当たり前という風潮もあるかもしれません。しかし、彼ら自身が子どもにどういう教育を与えているかを考えれば、教育に関するテレビの論調が無責任であることは確かです。

教育についてエビデンスのない主張を長いあいだ垂れ流し続けたのは、新聞や雑誌も同じです。ただし、まがりなりにも新聞や活字メディアを読むような人たちは、元暴走族の弁護士がいかにいい加減なことを言っているかは、実感で判断できるでしょう。一定の知的レベルを持った人に関しては、その情報を信じるか信じないか、是とするか非とするかは自分の選択、つまり自己責任という性格が強い。

しかしテレビを見る人の中には、そのレベルに達していない人もたくさんまじっているということを忘れてはなりません。視聴者がその知的レベルやメディアリテラシーの低さ故にだまされてしまった時に、「だまされるやつが悪い」でいいのでしょうか。

「若い頃は不良のほうがいい」という言葉を信じて子どもを好き勝手にさせれば、犯罪予備軍が増えます。不良がヤクザや犯罪者になる可能性は高いし、そこまでいかずとも定職に就けずニートやフリーターになる可能性はもっと高いでしょう。弁護士になる可能性もないとは言えませんが、社会保障費も税金も払わない人間になる確率とは比べ物になりません。

そこで生じるあらゆる社会的コストを考えれば、自己責任で済まされる話でないことは明らかです。親がだまされてしまえば、当然子どもに悪影響が出ます。ましてや学力低下が問題とされているいまの若い世代は、当然メディアリテラシーも低いことが予想されます。テレビは学力と意欲の低下した人たちを再生産することで、階層分化を進めているのです。

教育社会学者の苅谷剛彦さんは、親の学歴や職業から分類した社会階層別の学習態度や学習時間に関する様々な調査を行なっています。高校二年生を対象とした調査からは、階層下位とされる家庭の子どもほど勉強に対してネガティブな態度で、階層上位とされる家庭の子ほど勉強に対してポジティブな態度を示していることが見てとれます。

また小学校5・6年生の調査によれば、テレビ視聴時間は階層下位が階層上位よりやや長いくらいで有意差と言えるかどうかはわかりませんが、学習時間は階層上位が階層下位の倍で、塾に通っている率も下位が36%で上位が51%と大きな開きがあります。

子どもの学力には、生まれつきで大した差はないと私は思っています。それだけに環境の影響は大きいはずで、つまり子どもの教育は親の意識次第だということです。人口の1割から2割はテレビに影響されない層だと私は考えていますが、残りの8割から9割にとって、テレビを信じることが学力低下、そして結果的に社会的弱者となってしまうことにつながっているのではないでしょうか。

団塊世代に訴える論調

テレビの教育観を信じるかどうかには、世代の問題もあります。このあたりについて個人的な経験から考えてみます。

私が中学受験生だった頃、テレビはすでに受験競争を批判していましたが、我々の親はまだテレビをバカにしていた世代です。したがって私たちは、2つの意見を聞きながら育つことができました。すなわち「受験勉強なんて意味がない」というテレビ的な言説と、「テレビがなんと言おうと、勉強しないで損するのは自分だぞ」という「大人の常識」です。私たちの親世代は、テレビなしで大人になりました。その当否は別として、彼らには、テレビに出るような人は堅気ではないという意識すらあったのです。

ところが戦後生まれの親たちは、自分たちも子どもの頃からテレビを見ているからテレビに対する抵抗感が薄い。その子どもたちにはテレビ的言説の影響力が大きくなってしまいます。

さらに、団塊の世代の思考が、子どもの教育について価値観を大きく転換することに寄与しました。学力低下を含めて日本人がもっとも変わったといわれるのが、彼らの子ども世代である団塊ジュニア以降だということはよく指摘されています。

なぜ団塊の世代から価値観が変わったのか。彼らのはしりである1947年生まれの人が大学受験をしたのは、65年くらいからです。前の年には東京オリンピックが開催され、東海道新幹線が開通しました。当時の国立大学は月謝が1000円で、貧乏だという理由で大学に行けない、少なくとも国立大学に行けないという人がほとんどいなくなった頃のことです。折しも、サラリーマンが中心の世の中になってきていました。

金銭的な余裕も出てきた上に、学歴は高いほうがいい。そういう価値観の中で、団塊の世代という競争相手が多い人たちが大学受験に臨みました。しかし、何せ競争が激しいですから、第一志望の大学に合格できた人は10人に1人もいません。それどころか、必死で勉強したのに高卒で終わってしまったという人がたくさんいるわけです。

そんな彼らに、テレビをはじめとするマスメディアは「学歴だけが人生じゃない」と優しくささやきかけました。そういう人たちに受けるようなドラマを作りました。目標を達成できなかった9割にとって、そうしたメッセージには強く訴えるものがあり、それが彼らの子育てに反映されていったのだと思います。

もちろん、戦後民主主義教育の影響も見逃せません。親子の間に厳格な上下関係がなくなっていくなかで生まれたのが「友達親子」です。これは団塊世代の子育ての大きな問題点として、しばしば指摘されています。

また団塊の世代の青春期には、左翼運動も盛んでした。現在では、親が東大出なら子どもも中学受験をさせて東大を目指させることが一般的ですが、かつての左翼学生の一部は「自分が東大に入れたのは他人を蹴落としたからだ」と受験戦争を勝ち抜いたことに対する罪悪感を持ちました。いわゆる勝ち組でも子どもに勉強をさせなかった親がいるのは、団塊の世代の特色です。

もちろん団塊ジュニアにも、きちんと勉強した人たちはいます。それは、本人がしっかりしているか、親がテレビの言い分に耳を貸さないようなインテリであるか、あるいはその両方という人たちなのでしょう。

いい学校に行って損はない

ずいぶん話があちこちに飛んでしまいました。章の最後に、元不良のサクセスストーリーと対でよく語られる「東大を出ても安泰ではない」というもっともらしい説について、触れておきましょう。

テレビでは、一流大学を出ることのメリットをストレートに伝えることはほぼありませんが、東大生でも就職が決まらないということや、東大を出てもリストラされるということはしばしば報道されます。しかし、そうしたことがニュースになる理由はもうおわかりですね。それが、元不良が弁護士になるのと同様に珍しいことだからです。

実際は、どんな就職氷河期でも東大生の多くは就職に困りません。山一證券や長銀が破綻した際も、東大出身者のほとんどは外資系企業に拾われ、むしろ年収が増えた人もいるほどです。金融ベンチャーなどが主役になるころには、ヒルズ族の多くは東大や一橋など一流大学の出身者で占められるようになりました。

いい学校に行っておいて損はない。この当たり前の認識は、東京ではなんとなく共有されています。特に山の手であれば、身近に東大卒や外資系企業に勤務している人たちがいて、「腐っても東大」ということが実感できるのです。ところが地方では、東大卒といえば県庁の役人かごく一部の教員くらいですから、テレビで「東大を出てもリストラされる、就職が決まらない」と繰り返されれば、それを信じてしまう。

いま地方では、もっとも優秀な子たちが東大ではなく医学部を目指すようになっています。そこには、医者ならば身近にモデルがいてイメージしやすいことと、やはりテレビの一方的な伝え方があるのではないかと思います。

公教育のシステムがしっかりしていた時代は、親が教育に無関心でも、勉学に励んで立身出世する人がたくさんいました。しかしそれは、日比谷高校が東大入学者数で上位を占めていた頃の話です（最近はかなり盛り返していますが、それでもかつての五分の一ほどです）。ゆとり教育で公教育がスカスカになってしまったいま、東京と地方とでは教育に関する大きな情報格差が生まれています。

例外は、「勉強が大事」という価値観が残っている富山、福井、石川などのいわゆる教育県や、名大に行けば地元の名門企業に入れる愛知県などです。こうした地域では、いまだに公教育が強かったり受験競争が激しかったりしますが、それ以外の地域ではすでに「勉強して何になる」という発想が根付いてしまいました。

そうして、かつて日本人が信じていた、勉強して学歴を得ることや、汗水たらして働くことで社会階層を這い上がることをよしとする価値観は失せてしまった。それが、日本の競争力低下という大きな代償をともなうことは、言うまでもありません。

5　画面の中に「地方」は存在しない

地方でテレビが強い理由

テレビに出ているほど偉いという考え方は、地方に行けば行くほど強まります。面識もない、（そして時にはテレビでもあまり見たことがないような）タレントが「今晩泊めてください」と不躾なお願いをして通るのも、地方ならではです。そこには地方で暮らす人たちの人の良さもあるのでしょうが、やはりテレビへの信頼が高いからと見てもいいでしょう。同じ企画を都内でやっても、それほどうまくいくとは思えません。

地方でテレビが「強い」理由のひとつに、地方の生活の中ではテレビがもたらす情報の比率が高まっているということがあります。なぜなら、いまの地方紙はほとんどの記事が共同通信の配信で、薄いし夕刊もないことがままある。一面のトップニュースがさほど意味のない県議会の話題だったりします。東京の論理やテレビの価値観に大々的に反論を唱えるだけの勇気も元気もなく、地方紙が世論をつくることも少なくなりました。

また、テレビに出るということに対して、地方と東京とではかなりの温度差がありました。大阪出身の私ですら、東京に来るまでテレビに出ることはすごいことだと思っていたくらいです。ところが東京にいれば、比較的簡単にテレビの世界に手が届く。ちょっと顔がかわいいという程度でテレビに出ることができますし、ニュース番組の背景や街角の映像として映っているのは、自分がよく知っている景色です。

つまり、東京の人にとってテレビの中の世界というのは、なんら特別なものではありません。しかも教育の章でも触れたように、東京では一次情報が得やすいということもあり、「またテレビがいい加減なこと言って」とか「テレビに出たところで、どのぐらい偉いの?」という感覚が育つ余地もあるのです。

ばらまきが格差を解消してきた

テレビに対するスタンスの差は、東京と地方の格差拡大にもつながっています。

かつて自由民主党は、保守政党でありながら長きにわたってある種のアファーマティブ・アクション（積極的差別是正措置）に力を注いできました。厳しい累進課税制や学歴社会的な要素を色濃く残すことなどで、社会階層を固定しないための制度を設け、また地域間格差をなくすために東京で集めた金を地方に分配してきたのです。後者は、東京のマスコミが強くなってくると、批判にさらされることが多くなり、「ばらまき」と呼ばれるようになりました。

ばらまき自体、私は決して悪いことだったとは思いません。そこには、地方と都会との格差を緩和しようという政策的な意図があったからです。ただし利権との絡みや、その地方に利益誘導型の強い政治家がいるかいないかで、新たな地域間格差を生んでしまったという問題はありました。総理を含む有力政治家が輩出した群馬や新潟は立派な道路網が発達しているけれど、茨城のような強い政治家が出なかった県は道が悪いというように、その差は現在でも歴然としています。

そうしてある時期から「ばらまき」批判が強くなり、さらに小選挙区制の導入によって選挙で一番大事なのは大衆に人気があるかどうかになってくると、かつてはテレビに出るのが大嫌いだった政治家が、逆にテレビに出たがるようになりました。

世論に迎合した政治家は、人気が出ます。つまり、テレビで騒いでいる問題を解決すると正義の政治家になれるということです。統計数字に基づいた大きな問題を解決するよりも、たとえばテレビが年金問題で騒いでいるときは年金問題で目立てばいい。

そして政治家は、派閥の領袖のような政界の有力者になることよりも、テレビ的な人気を高めることを目指すようになりました。その方向性が〝正しい〟ことは、テレビタレントが続々と知事に就任していることや、テレビで人気のある政治家のほうが選挙に強く、大臣に就任しやすくなっていることを見ても明らかです。たとえば党内では人望がないとされていた舛添要一参議院議員の言動が、自民党を右往左往させたようなことは近年の基本パターンといえます。

政治家はテレビに出なければならないという傾向は、衆議院の小選挙区化によってさらに強まりました。選挙区で1人しか当選できないのだから、露出は多ければ多いほどいいのです。それにしても、前回は自民党が大勝したと思ったら今度は民主党と、テレビの論調に振り回されて右から左にいとも容易にぶれてしまうところを見ると、つくづく日本というのは小選挙区制に馴染まない国だと思います。

テレビ受けするためには、目立たなければいけない、反応が早くなければいけない、結果がすぐ出なければいけない。数字を調べて来ますというと、官僚答弁だと言われてしまう。

たとえば菅直人現首相は、厚生相時代に薬害エイズの被害者にはじめて行政として謝罪したことが、その後の人気の源泉となっています。もちろん医療被害の問題を解決することは悪いことではありません。しかし、世間に対してアピールすることが優先されるあまり、地道な医療改革は進みませんでした。その年に起こったO157騒動の際も、報道陣の前でカイワレを食べて見せるよりほかにやることがあったはずです。

政治家というのは（特に首相ならなおのことですが）、本来であればマクロの視点に立って全体を見わたす仕事です。水戸黄門のようにミクロの問題を解決してまわる人が政治家のマジョリティになってしまえば、本質的な問題がまったく解決しないという危険が生じます。

東京は惜しみなく奪う

さて、東京目線で見れば、田舎に金をばらまくのはけしからんかもしれませんが、地方の立場から考えてみればどうでしょうか。

私事になりますが、私は広島カープのファンです。ところがカープでは、いい選手が育ったと思うとみんなフリーエージェントで阪神や巨人に引き抜かれてしまいます。金本も新井も江藤も、みんなそうでした。そういうチームのファンとして気付かされることは、これはなにもプロ野球の話にとどまらないということです。

広島なら広島学院、あるいは新潟の新潟高校や岩手の盛岡一高でも、県内トップの高校で一番の秀才はたいてい東大に進学します。それはそれで結構ですが、卒業後に彼らが地元に帰ってくるかというと、ほとんどは東京で就職し、結婚し、〝東京の人〟になってしまう。故郷に錦を飾るという発想は、もうありません。それは、地元のお金と教育力を注ぎ込んで一生懸命育てたもっとも優秀な人材を、東京にただで差し出しているということです。

集団就職の時代にも、地方は貴重な若年労働力を都会に差し出してきました。しかし、現代では上澄みだけが東京に出てしまうのですから、地方にとってはなおダメージが大きい。女性に関しても、ルックスのいい子ほど東京を目指しがちです。地方は様々な面で東京に人材を奪われ、これでは東京と地方の格差はどんどん開いてしまいます。

カープが手塩にかけて育てた選手も、やっと使えるようになったところを他球団が持っていってしまう。ところがフリーエージェントであれば、少なくとも金銭的な補償があります。カープのような貧乏球団は、ある意味では勝ち負けや観客動員ではなく、選手を育てることで存続していると言えるでしょう。プロ野球でさえいい選手を放出するにあたっては補償を受けるのですから、東京に人材を提供する地方に見返りがあるのは当然のことです。ばらまきと言われているものは、そのひとつの形でした。

ただし公共工事を地方に持ってくることが、いまの時代に適しているとは思いません。国が考えるべきは、たとえば東京の一流大学で教育を受けた人たちが働ける場所を地方に作るということでしょう。アメリカでトップクラスの名門病院であるミネソタ州のメイヨークリニックや、世界最大の医療センターと言われるテキサス・メディカルセンターは、いずれも東部や西海岸の大都会から遠く離れた地域に位置しています。

東国原宮崎県知事も、そろそろマンゴーを売ったり、道路を作ってくれと言ったりするだけではなく、もっと大胆な提案をすべきです。たとえば「がんセンターを築地から宮崎に持ってきて、暖かいところでがんを治してもらいましょう」と要求した方がいい。がんという病気では100%が待機手術で救急手術はありませんから、東京のどまんなかに病院がある必要はありません。それが実現すれば、宮崎に300人からの医師が移ってきますし、そこでトレーニングを受けたいという若い医者も増えるでしょう。

「町の声」は東京の声

テレビのキー局はすべて東京にあるので、その放送内容は基本的に東京目線で編集されています。テレビ局の社員にはもちろん地方出身者もいますが、ほとんどは東京の大学を出ていて、東京で成人したような人たちです。地方のネット局で放送される番組はキー局の制作によるものがほとんどで、ニュースも全国ニュースがメインです。

テレビでは景気や政府などについて、しばしば街頭インタビューを行ないます。この通称〝街の声〟は、ほぼ東京の声です。それも銀座や新橋が多い。全国的な問題に関して、〝街の声〟として新潟や水戸の人が出てくるということは、ＮＨＫならたまにあるかもしれませんが、民放では基本的にありません。

東京以外では大阪が出てくることもありますが、東京の番組が大阪の〝街の声〟を聞く場所としてしばしば選ばれるのが道頓堀橋の近辺です。グリコのネオンサインにかに道楽の本店、ちょっと前まではくいだおれがあって、映像としてわかりやすいからでしょう。しかし、多くの関西人は「なんで大阪の代表があそこやねん」と苦々しい思いで見ています。知的レベルといい風体といい、平均的な関西人とはかなり違った人たちがインタビューの対象になっているからです。

梅田の歩道橋の上ならばまだサンプリングとしては正しいでしょうが、いずれにせよ大阪も大都市ですから、地方の声ではありません。都会の人はばらまきをはじめ、都会のお金で地方の赤字を埋めることに多かれ少なかれ抵抗感を持っています。

たとえば、東京のマスコミで国鉄民営化が失敗だったと言う人はいません。たしかに国鉄時代は腐りきった労組が強くて、職員が偉そうで、経営が非効率だったことは事実です。それに比べて、ＪＲになったらサービスも多少よくなったし、あれだけ膨大な赤字を垂れ流していたのが各社黒字になったり、いろんな意味でいい会社にはなりました。ただしJRが黒字になったのは、地方の赤字路線を廃止したことが大きい。赤字を補塡する必要がなくなったから、もともと儲かっていた都市部の路線ではサービスが改善されました。単に、都会から地方に流れる金を減らしただけのことです。最近の廃線ブームで注目されているようなところにも、国鉄時代にはちゃんと電車が走っていました。田舎の高校生が学校に通うにもたいへんな苦労をし、お年寄りは自動車が運転できる嫁か息子が帰ってくるまで一歩も外に出られない、ということもありませんでした。

国営鉄道の基本的な理念は、地域間格差を是正することにあります。田舎の人たちは移動手段がなくて気の毒だから、都会の人たちのお金で助けてあげましょうということです。それでもテレビから国鉄民営化の際に「それでは地方の生活が成り立たないし、地方に住む人は誰もいなくなってしまう」という声がほとんど聞こえてこなかったのは、田舎をかばうような人は東京発のメディアであるテレビには出られないからでしょう。それは、電電公社の民営化に関しても、郵政民営化についても同じです。

飲酒運転たたきは田舎いじめ

国鉄民営化は、地方の人たちから生活の足を奪いました。その後に残された公共交通網といえばバスですが、その頼みの綱も企業や自治体の経営の悪化により、撤退する路線が相次いでいます。いまや地方で自由に移動することができるのは、運転免許と車を持っている人だけになりました。

そして、その最後の交通手段さえもが、都会の論理によって大きく制限されるようになっています。その最たるものが、飲酒運転バッシングと高齢者の免許更新を妨げる制度です。

飲酒運転に対する風当たりが一気に激しくなったのは２００６年、福岡で３人の幼い子どもが亡くなるという事故がきっかけでした。家族で楽しく遊びに行った帰り、車ごと海中に投げ出されたきょうだい全員が命を落とすという痛ましさに加え、追突した市職員の男が現場から逃走、証拠隠滅まではかったという悪質さゆえに、この事故は繰り返し報じられました。この市職員の行為は決して許されるものではありませんし、厳しく非難されるのは当然のことです。私もかばう気はさらさらありません。

ただし、このあとの飲酒運転にまつわる動きには少々違和感があります。当時、このような事故を二度と起こさないために、という論調で飲酒運転は厳しい非難の対象となりました。

ところが統計的にいえば、飲酒死亡事故というものは突出して多いわけではありません。2009年度、日本では4773件の交通死亡事故が起きています（死者は4914人）が、そのうち飲酒運転は292件で、最高速度違反の328件より少ないのです。

それでも、呼気からアルコールが検知されたらエンジンがかからない車をつくろうという話にはなっても、リミッターを現行の時速180kmから120kmにしようという話は聞きません。技術的には、ETCのようなシステムを使って、道路ごとの制限速度を上回るスピードを出せないようコントロールすることは可能でしょう。

また、運転中に携帯電話を使用することは、注意力の低下という意味では飲酒運転と同じくらい危ないとされています。実際、漫然運転は728件と、死亡事故件数では最大の法令違反です。しかし、携帯電話を飲酒運転と同じだけ厳罰化することはありません。それは、車のスピードを出なくしたり運転中に携帯電話を使えなくしたりすると、東京の人も反発するからではないでしょうか。

ではなぜ飲酒運転には厳しいのか。飲酒運転を厳しく取り締ったところで、東京では誰も困りません。日付が変わっても電車が走っている上に、タクシーに乗ってもたいした距離にはならないからです。ところが地方では、そもそも帰宅の手段が車しかない上に、繁華街から自宅までの距離も遠い。その上、収入は東京の半分ですから、代行運転やタクシーを使うということは、経済的に大きな負担になります。そう考えると、飲酒運転への厳格さは、東京の論理による地方いじめとも思えるのです。

２０１０年、ＷＨＯは酒の広告や安売りの規制を勧告しました。東京発の情報番組のある有名司会者は、そのことを激しく批判しています。

しかし、飲酒が交通事故だけでなく、暴行事件やレイプといった犯罪を増やすことは明らかです。それ以上に、依存症の問題もあります。後述しますが、アルコール依存は自殺の大きなリスクで、アルコールによる肝臓障害も含めて考えると、年に万単位の命がアルコールがらみで奪われていることは確かです。つまり、飲酒死亡事故の１００倍レベルの数の命を奪っているのです。

飲酒そのものの規制は許さないけれど、東京の人に影響のない飲酒運転の取り締まりは大いに結構というのでは、まさに東京目線と言われても仕方ないでしょう。

日本に地方自治はない

誤解されては困りますが、飲酒運転の厳罰化が悪いとは言いません。ただ、それは地方自治のマターではないかと思うのです。

たとえばアメリカでは、ニューヨークで飲酒運転がばれたら車を没収されてしまいますが、ワイン産地として知られるカリフォルニアのナパバレーでは、テイスティングしながら車でワイナリー巡りをしてもお咎めなしです。実際はカリフォルニアの州法でも飲酒運転は免許没収と定められていますが、地元の警察が気の利いたことに、それを取り締まらない。実質的に、少々の飲酒運転では捕まらない地域がいっぱいあります。

さらに言えば、カリフォルニアで飲酒運転の基準とするアルコール濃度は日本の約3倍です。日本の基準は世界でもっとも厳しく、異常に低い値に設定されています。アルコールを摂取するとまず覚醒レベルが上がり、ある量を超すと次第に眠くなったり反応速度が遅くなったりしてくるのですが、日本の基準はよほどお酒に弱い人を除けば脳が目覚めるレベルに設定されているのです。

飲酒運転の厳罰化を言うならば、まずはこの点から科学的なデータに基づいて見直すべきではないでしょうか。昨夜のお酒が残っているという程度で違反になるということでは、結果的に「飲酒運転は運転者の実態と関係のない罪だ」という誤った認識を運転者たちに与える危険性もあります。

さて、「地元の警察」という話題に戻りますが、アメリカでは連邦、州、郡、市、町、村の各レベルで警察組織が存在して、「おらがポリス」という意識がすごく強い。ところが日本では地方自治体のしかるべきポストには、中央官僚を就けるケースが多く、警察本部長も例外ではありません。任命権が都道府県知事にあるにもかかわらず、日本全国の警察本部長はすべて中央から来ています。

どれほど優秀でも県警採用の警官は絶対にトップにはなれず、東京の人間の下で働かざるをえないため、組織の実態としても意識の上でも自治体の警察とはいえません。そのため、「法律ではそうなっているけど、ここで飲酒運転を取り締まるわけにはいかないだろ」というような、現地の実情に即した取り締まりなどできるべくもないのです。

私が知る限り、一番ひどいのが福島県です。県民性が真面目なのでしょう。取り締まりを厳しくしたら、酒どころの県であるにもかかわらず、ほとんど飲酒運転が摘発できなくなってしまったとか。それで飲酒運転が撲滅されました、で終わればハッピーエンドなのですが、そうではありません。警察としてはなんとか他県と同じような実績をあげたい。

そこで警察がなんとか飲酒運転を摘発するために考え出したのが、取り締まりを朝おこなうという方法でした。前の晩にたとえばチューハイを3杯以上飲めば、日本の厳しい基準では翌朝でもアルコールが検知されてしまいます。おそろしいことに福島では、前の晩に飲みに行って車を駐車場に置いて帰った善意の人が、朝そこに車を取りに行って職場まで行く途中で取り締まりを受け、免許取り上げ、懲戒免職という目に遭うのだという話を多くの人から聞かされました。

そういうえげつないことをされると、通勤で朝から車を運転する前日はお酒が飲めなくなってしまいます。家で晩酌をしようにも、危ないから1杯だけという話になる。当地の人によれば、もう飲み会は金曜日にしかできないのだそうです。

飲酒運転が減ると自殺者が増える

飲酒運転の厳罰化は、地方に限って言えばむしろ死者数を増やしているのではないでしょうか。

アメリカにくらべて日本で精神科のカウンセリングを受ける人が少ないのは、〝赤提灯文化〟のおかげだと言われています。仕事帰りに仲間と一杯やりながら、愚痴を言い合ってストレスを発散するという日本独特の習慣には、うつの予防効果があるのです。

ところが地方で飲酒運転ができなくなれば、飲食店や友達の家で飲まずに、自宅で飲むようになります。仲間と飲めなくなれば憂さ晴らしもしにくくなり、メンタルヘルスに悪影響を及ぼす可能性があります。

さらに、家に閉じこもって1人で飲むというのは、もっともアルコール依存になりやすい飲み方です。奥さんと晩酌するという人もいるかもしれませんが、外で飲むよりも家で飲む方が連続飲酒（お酒の切れ間がなくなるような飲み方）につながりやすい。次の章で詳しく説明しますが、アルコール依存とうつは自殺の大きな要因です。

もちろん、地方では飲食店の経営が成り立たなくなりますし、地方独自の味も消えてしまいます。なぜなら郷土料理の多くは宴会料理ですから、宴会がなくなればそうした文化も廃れてしまうのです。私が思うに、地方で飲酒死亡事故が減った件数と飲食店経営者の自殺とを比べたら、いったいどちらが多いでしょうか。私がテレビは人殺しだという理由のひとつが、ここにもあります。

テレビに代表される東京のマスコミが一大キャンペーンをはって飲酒運転バッシングをした結果として、地方で起きていることを、テレビは報じません。

福岡の事故が大ニュースになったのは、それが特異に悲劇的なケースだったからです。それ以降、飲酒死亡事故は大々的に報じられていません。もちろん飲酒死亡事故は起きているはずです。しかし、夜になれば人も車もろくにいない地方の飲酒死亡事故というのはかなりの部分が自損事故だそうで、それではニュースになりにくいのです。２００７年の調査でも、飲酒死亡事故のうち歩行者が死亡したケースというのは、全体の４分の１に達しませんでした。

１件の飲酒死亡事故が発端となって日本中の飲酒運転が厳しく取り締まられるように

なったように、たとえば酒鬼薔薇事件は管理教育批判の格好の口実になってしまいました。いまどきの子どもの心は荒れている、それは詰め込み教育のせいだ、という短絡的な発想ですが、この特異な少年の特異な事件で教育政策を論じる必要があったのでしょうか。それでもテレビが飛びつくような格好の事件が起きると、そこを発端にすべてが動きはじめてしまうのです。

東京のマスコミで、飲酒運転をかばうなどということは許されません。しかし飲酒運転を厳罰化することで、東京の人にとっては当たり前の生活が、一方的に地方から奪われてしまいました。その是非については、東京の声だけでなく地方の声もきちんと聞いてほしいと思います。

高齢者から免許を奪うな

地方を見殺しにする東京目線について、自動車の運転に関する話題がもうひとつあります。それは、高齢者から免許を取り上げようという流れが強くなっていることです。

高齢者の交通死亡事故は決して少なくはなく、たしかに人口の2割を超えた65歳以上が運転中に起こした死亡事故は890件で、全死亡事故件数の2割弱にのぼります（運転中の事故で亡くなった高齢者は389人）。しかし、自転車乗用中の死者数が445人で歩行中が1202人と、運転中に死亡事故を起こす高齢者よりも、自動車にはねられる高齢者の方がはるかに多いのです（2009年度）。

それでも高齢ドライバーは危ないということで、2009年から免許更新に際して70歳以上は高齢者講習が義務化され、さらに75歳以上は講習予備検査として記憶力や判断力を問う認知機能のテストを受けなくてはならないことになりました。免許の自主返納も、さまざまな特典と引き換えに奨励されています。

アメリカでは免許は一生もので、自主的に返納するなどという発想はありません。免許がないということは自活できないということであり、自分で車を運転できなくなった老人はリタイアメントハウスに入るのが一般的です。日本でも鉄道もバスもなくなってしまった地方では、車がなければ暮らせないことに変わりありません。

日本でモータリゼーションが本格化したのは昭和40年代のことですから、地方の男性は70代、80代で免許を持っているのは当たり前です。ところが女性も免許を取るようになったのはもう少し後ですから、いまのおばあさんたちは、おじいさんが死んでしまったらスーパーにも行けません。子どもたちが家にいればまだしも、その子どもたちの大半は東京に取られてしまっているのです。

しかも高齢者にとって免許を取り上げられるということは、生活が不便になるだけではありません。自由に移動できなくなると脳の老化が進み、寝たきりなど介護が必要な状態になる可能性も高まってしまうでしょう。

印象論ではありますが、老年精神医学をやってきた私の実感としては、都会の高齢者より地方の高齢者の方が元気です。いくら無料でバスや電車に乗れても、都会の高齢者は80代半ばにもなれば表に出る機会がガクッと減ります。地方の人が東京に来ると必ず指摘することが「東京の人はよく歩く」ということですが、東京は公共交通網が発達していても、駅まで行くにも乗り換えをするにも相当の距離を歩かなければならない。これが、高齢者にとっては意外に高いハードルなのです。

一方、田舎の高齢者は、免許さえ持っていれば思い立ったが吉日で軽自動車を操って自在に動きまわることができます。車の安全性能はどんどん上がっているし、道も広いし人も少ないから、都会より運転しやすいということもあるでしょう。

長野県は全国でも平均寿命が長い地域で、かつてはその原因として山が多くて高齢者もよく歩くということが考えられていました。しかし高齢者が車で移動することが増えた現在でも、長野の平均寿命は長いままです。行動の自由が脳の健康に与える影響は大きく、運転免許がなければ家の中で運動すればいい、近所を散歩していればいい、というものではありません。

ブレーキと間違ってアクセルを踏み込んでおじいさんがおばあさんをひき殺してしまったというような事故が起きると、東京のコメンテーターたちは「やっぱり高齢になったら運転を控えないといけませんね」という論調に終始します。交通死亡事故の中のレアケースをもとに、より多くの高齢者から生きる手段と力を奪っていいのか。その点については検討した気配すらありません。

もう一度念を押しておきますが、飲酒運転にせよ、認知能力が低下した老人が無謀な形で運転することにせよ、推奨はしません。しかし、交通安全を本気で考えるつもりならば、まずスピード違反や漫然運転に目を向けるべきだと思います。あるいは、そこまでして事故を減らしたいのなら、多少の税金を使ってでも（つまり赤字でも）地方に公共交通機関を設けるのが筋でしょう。安全は、タダで買えるものではありません。

キー局は東京から出て行け

私も東京に暮らすようになって久しいですから、ここまで言ってきたことが地方の人にとっては大きなお世話だというなら、それはそれで結構です。しかし、単に東京のテレビが騒いでいるからという理由で、地方が不本意なことを押し付けられているとすれば、もっと地方の人が言いたいことを言える場を用意しなければならないと思います。

最大の問題は、やはりテレビのキー局が全て東京にあることでしょう。全国ネットで放送される番組といえば、とくに民放では東京制作でなければ大阪か名古屋制作のものくらいしかありません。逆に言えば、出演者が東京に集中している現状では、仮に札幌のローカル局が制作する番組でも、実質は東京の制作会社に作らせるしかない。これでは、テレビに地方の声が反映されないのも無理からぬことです。

アメリカでは首都機能と経済、芸能の中心がそれぞれ別の都市に分かれています。テレビの制作でもニュース系はワシントン、経済系はニューヨーク、それからドラマはロサンゼルスというように分散していますから、多くの芸能人がビバリーヒルズをはじめとするロサンゼルス界隈に住んでいるのです。

日本でも昔は映画の大スターが撮影所のある京都に住んでいましたから、いい料理屋や花街が栄えました。しかし、今では芸能人も文化人も政治家も財界人も、みんな東京に住むようになってしまった。そして地方の文化も経済も廃れ、いい店は東京に支店を出すようになったのです。仮に各キー局がドラマ制作部門を特定の都市に移せば、俳優や制作会社、スタッフが移住し、かつての京都のような賑わいが生まれるのではないでしょうか。

日本の東京一極集中とテレビが東京目線であることは、いまや卵と鶏の関係です。したがって、東京一極集中を緩和するためにもっとも有効なのは遷都ではなく、テレビのキー局を別々の地方に移すことかもしれません。そうすれば現在の東京目線一辺倒ではない、地域ごとの利益を代表する論調が聞かれるようになることでしょう。

6　自殺報道が自殺をつくる

酒の上の失敗に寛容すぎる

日本は伝統的に、酒の上の失敗に限りなくやさしい社会と言えます。お酒で失敗した有名人として記憶に新しいのが、スマップの草彅剛さんと亡くなった中川昭一元財務大臣です。草彅さんは、酔っ払って裸になって公園で騒いで逮捕されました。中川さんは、国際会議後の会見を酩酊状態で行なってしまいました。

彼らは酒の上の失敗によって謹慎や辞任に追い込まれるという、それなりの社会的制裁をうけています。倫理的にも刑法に照らしても公園で裸踊りをしてはいけないし、酩酊状態で公の場に出ることは、国際政治の舞台ではもちろん一般社会であっても許されないことだからです。

それでもテレビは、わずか1カ月の謹慎で草彅さんを今までどおり起用しています。これは出演者の警察沙汰やスキャンダルに敏感なテレビとしては、ずいぶんと寛大な措置であった上に、ワイドショーをはじめ同情的なコメントが相次ぎました。中川氏にしても大臣を辞任しただけであって、議員辞職に追い込まれたわけではありません。

しかし医学的に見ると、この寛容さは大きな問題をはらんでいます。彼らの言動を医者として素直に見れば、「アルコール依存症」という病気を疑わざるをえないからです。

WHOのICD-10（国際疾病分類第10版）による基準では、以下にあげる6項目のうち3つを満たせばアルコール依存とみなします（①飲酒への強い欲求がある、②飲酒のタイミングや量をコントロールできない、③禁断症状が出る、④酒量が次第に増える、⑤飲酒以外のことへの興味を次第に失う、⑥有害な結果を無視して飲み続ける）。

2人とも酒好きで知られ、酒量がどんどん増えていったとか、お酒で失敗したことがあるにもかかわらずお酒をやめなかったと言われています。アルコール依存症の診断基準を満たすと言って、間違いないでしょう。

アルコール依存症の診断基準に当てはまる人は人口の約1〜2%、日本に200万人前後いるとされています。しかしそのなかでも相当のレベルだったからこそ、草彅さんは家宅捜索まで受けたのです。おそらく警察は当初、薬物の使用を疑ったのでしょう。

また、アルコール依存症であることを公表していたロシアのエリツィン元大統領でさえ、公の場で中川さんほどの醜態を曝すことはありませんでした。プライベートで羽目を外すより仕事で失態を犯すほうが程度は重いでしょうが、いずれもアルコール依存症であることに変わりありません。

診断基準を見て、「この程度でアルコール依存症なら、みんなアルコール依存症になってしまうじゃないか」と思った酒好きの人もいるでしょう。しかし「この程度」の人をそのまま放っておくと、廃人のようになってしまう確率が高いことがわかっています。アルコールだって、飲んで社会的逸脱行為をした時点で、きちんと病気と認識して治療を開始しないと間に合わないのです。

大人の自殺を無視するな

アルコール依存症は、大きな社会問題となっている自殺の原因のひとつでもあります。

つまり、お酒の飲みすぎは自殺につながる危険な行為、まさに「自殺行為」なのです。

テレビは子どもの「いじめ自殺」を大きく扱う一方で、中高年の自殺についてはあまり扱いません。しかし、年間10件やそこらの「いじめ自殺」に対して、中高年の自殺は12年連続で年間2万人以上にもおよんでいます。２００９年の自殺者３万２８４５人は交通事故による死者の６・７倍にのぼり、先進国の中では群を抜いて多い数字です。

かつて若死にする病気の代表格といえば結核でしたが、現在ではその座を自殺に譲っています。厚労省の統計（平成21年）によれば、15歳から39歳までの死因のトップは自殺。働き盛りの、国にとっても家族にとっても最も死なれては困る年代の人たちが、自殺によって命を絶っているのです。

さらに、自殺は社会情勢の影響を受けやすく、失業率が１％上がるごとに自殺者が３５００人増えるという説もあります。したがって、日本でも失業率が跳ね上がっていくなかで、自殺者はますます増えていくことが懸念されています。

一般的に、自殺というのは固い決意の下に行われるものだと思われているかもしれませんが、決意の自殺は圧倒的少数です。実際は、うつ病、アルコール依存症、統合失調症などの心の病がからんでいることが非常に多い。

諸外国、特にヨーロッパやアメリカでは、自殺者について心理学的剖検というものを行います。自殺者の身内や職場の人などに、体重は減っていなかったか、不眠はなかったか、アルコールを飲み過ぎていなかったか、妄想めいたことを言っていなかったかなどを聞き取り、どんな病気にあてはまるかを検討するというものです。

そうして調べてみると、自殺には何らかの精神障害が関わっているケースが約9割で、精神的に正常と思われるケースは1割に過ぎませんでした。なかでも自殺者の60〜70％がうつ病の、10〜15％がアルコール依存症の診断基準にあてはまることがわかっています。日本の自殺者数にあてはめてみると、年間3000人から5000人のアルコール依存の人が自殺しているのです。

先に触れたテレビによる飲酒運転バッシングは、飲酒死亡事故を減らそうという発想からはじまっています。それでいてテレビは、飲酒死亡事故の数十倍もの自殺者を出しているアルコール依存に関しては騒ぎません。ビール1杯でも飲酒運転をすれば懲戒免職になっても当たり前だと報道する一方で、酒を飲んで裸で暴れて警察のお世話になった人に対してあれだけ甘いのは実に不思議なことです。

男はつらいよ、女もつらいよ

うつ病はバイオサイコソーシャル、すなわち生物、心理、社会という3つの要因が絡んだ病気で、日本に400万人（800万人という説もあります）の患者がいるとされます。著名人にも多く、公に指摘されることはありませんでしたが、総理の職を辞した当時の安倍元首相や、一時の麻生元首相も、報道を見る限りうつだった可能性が高い。

かつては失恋や死別、リストラというような心因的なきっかけが引き起こすと考えられていましたが、今ではセロトニンの欠乏が大きくかかわっていると考えられるようになりました。セロトニンとは感情を安定させるなどの働きをもつ脳内神経伝達物質です。これが「誰でもうつになる可能性がある」といわれる理由でもあります。

親が自殺した人は、本人もうつになったり自殺したりする確率が高いという傾向があります。これは、もちろん心理的な原因もあるでしょうが、遺伝的にセロトニンが出にくい、あるいはそれによる神経細胞の変化が起こりやすいなどの体質があるようです。

年をとると切れやすくなったり、うつになりやすくなったりするのも、年をとるほどセロトニンの分泌が減るためのようです。

社会情勢によってうつが増えるかどうかは、実のところわかっていません。しかし社会情勢がうつに作用することは確かです。景気が悪い時にうつになった人は「もう一生、仕事がないかもしれない」と悲観的になって悪化しがちですが、景気がいい時ならば同じようにうつにかかった人がすぐ復職するのを見て明るい気分になり、はやく回復できたりもします。

リストラされたり失恋したりしたからといって、それだけで自殺する人がほとんどいないように、うつにかかったら即自殺というわけではありません。リストラされた時にたまたまうつ状態であったとか、失恋した後にうつが悪化してしまった人が、自殺してしまうのです。

評論家の江藤淳さんは奥さんが亡くなった後に自殺していますが、私の知人である自殺の専門家によれば、当時の報道を見る限り、江藤さんには典型的な初老期のうつ症状が出ていたと言います。あくまでも仮説ですが、奥さんが亡くなったのがうつでない時であれば、自殺をなさらずに済んだかもしれません。

性別でいうと、うつの有病率は女性のほうが高いのですが、自殺者は圧倒的に男性が多い。原因はよくわかっていませんが、1つには男性のほうが責任を負わされやすいという社会的背景があるとされています。女性はうつになっても周囲に頼れるけれど、男性は問題を1人で抱え込んでしまうのです。

そしてもう1つの定説となっているのが、アルコールの影響です。男性はうつになった時アルコールに走りがちなため、アルコール依存症とうつのダブルパンチに見舞われてしまう。近年は女性のアルコール依存症も問題になってきましたが、男性はやはり飲み方が違います。ホテルの一室で自殺した新井将敬代議士も、ミニバーの中のお酒をすべて飲みほしていたそうです。

ちなみに絶対数ではなく、自殺率（人口10万人あたりの自殺者数）で見ると、日本女性の自殺率はとびぬけて高い。2008年のWHOの発表によれば、世界第3位です。世界的に「男はつらいよ」ですが、日本は「女もつらいよ」。その原因は定かではありませんが、自殺がもっとも多い中高年では、古い価値観にしばられて、それがうまくいかないと自責感が強くなったり、姑の世話をはじめとする重圧がかかったりするのかもしれません。

また男女を問わず自殺する人が多い理由としては、日本では自殺を強く禁じる宗教を信仰している人が少ないことも考えられます。

心の病は恥ずかしいか

さて、草彅さんにせよ中川元大臣にせよ、「この人はアルコール依存症でしょう」といったコメントをテレビですることはなかなか許されません。特に草彅さんに対してそのようなコメントをしている人を画面で見たことはありません。

私はここに、いびつさを感じてしまいます。

ジョージ・ブッシュJr.がアルコール依存から立ち直った後、アメリカ大統領になったことは有名な話です。またノルウェーのボンデビック首相は、就任の10カ月後にうつを告白して約1カ月のあいだ治療に専念し、復帰して立派に務めを果たしました。ノルウェーの自殺率はもともとは相当高かったのですが、その影響もあって今では日本の半分にまで下がっています。

こうした諸外国と比べると、日本では、精神疾患を公表する人は少数です。いまだに心の病に対する誤解が強く、イメージが悪いためです。日本ではさらに、政治家に病名を付けるのはいけないことだという不文律があります。私はある雑誌に寄稿した際、「中川さんのことを、アルコール依存症と書かないでくれ」と言われました。健康不安が命取りと言われる政治家に、ましてや精神疾患など指摘しようものなら、事務所からどんなお咎めを受けるか、というところだったのでしょう。

かつて私は、ある事件をうけて「犯人はアスペルガー障害の可能性がありますね」と生放送でコメントしたことがあります。すると、どこからか抗議が来たとのことで番組を降ろされてしまいました。後から実際にアスペルガー障害だということがわかったのですが、それっきりです。

医学的には、アルコール依存症だろうと高血圧だろうと、病気であることに変わりありません。病気の人に「医者に行けよ」と言うのは人としての良識ですし、公益にもかかなっています。「草彅さんは高血圧ですね」と言っても問題ないのに、「アルコール依存症ですね」と言ってはいけないというのは、精神疾患に対する明らかな差別と言わざるをえません。

本来ならば、心の病に対する意識改革を先導し、視聴者の健康と生命を守るべきはマスコミ、なかでも許認可事業であるテレビです。つまり、こんなに自殺の多い国なのですから、同様な症状が出たら医者にかかるべきと報じるのが、テレビ局の責務でしょう。ところがそのテレビは、視聴者の命よりタレントや政治家との関係の方を大事にして、病気の人間を病気でないかのように報じているのです。

健康番組では、数万人に1人という珍しい病気を取り上げて「こんな症状が出ていたら、あなたも危ない」とはやしたて、無駄な受診を増やしています。それで本当にその病気が見つかることもあるかもしれませんが、まずはうつやアルコール依存症についてきちんと伝えるほうが先でしょう。テレビでも、「精神疾患への偏見はいけない」「うつっぽいと思ったら医者にかかったほうがいい」と言うことはなきにしもあらずですが、まだまだ十分とは言えません。

うつで医者にかかる人は、この10年ほどで20数万人から100万人にまで増えたともされますが、それでも推定される患者数の1~2割に過ぎません。近年「私もうつ病だった」と告白する芸能人が増えてきたことは、テレビの数少ない功績だと思います。

アル中に免罪符を与えるな

アルコール依存症という言葉が使われないままに、草彅さんや中川元大臣の醜態は繰り返し、おもしろおかしく伝えられました。しかし本当に必要なのは、彼らの行為や状態がアルコール依存の診断基準を満たすことを知らせ、同じような症状なら治療を受けるよう勧めることです。

草彅さんについて言えば、きっと本人の意志も固いだろうし、周囲もしっかりしているでしょうから、アルコール依存症で破綻する可能性は低いかもしれません。しかし、誰もが同じような条件にあるわけではなく、うつなど複合的な要素も大きくかかわっています。中川元大臣は落選を経て、若くして急死してしまいました。

どんな病気にも等しく、医者にかかったほうがいいレベルというものがあります。アルコール依存症でいえば、家庭や人格が崩壊してから初めて病名がついても、それは単なるレッテル張りにしかなりません。その段階ではもう、医療の力を注いでも完治は相当困難になってしまっているからです。医学の診断というものは、治療を開始すべき段階を基準にして示さないと意味がありません。

たとえば高血圧の場合、血圧が高いことそれ自体は病気ではないけれど、そのままにしておくと脳卒中になる可能性が高い。それで、薬で血圧を下げるのです。ある追跡調査によれば、70歳で収縮期血圧（最大血圧）が１６０㎜Hgの人たちのうち6年後に脳卒中を起こしていた割合は、高血圧を放置していた群で10％、薬を飲んでいた群で６％でした。つまり、高血圧を放っておいても何も起こらない人のほうがずっと多い。それでも、少しでもリスクを下げるために、薬を飲むのです。

医療費や通院コストの問題はさておき、診断の敷居は低いほうがたくさんの人を救える。それが、現代の医療の基本的な考え方です。高血圧でいえば、現在の診断基準は１４０㎜Hg以上ですが、より厳しい１３０㎜Hgにまで引き下げるべきかが問題になっています。

ところがテレビは高血圧についてはたくさん放送しているにもかかわらず、アルコール依存の人には免罪符を与えているのです。つまり、テレビは医学の本質を拒絶していることになります。しかも、確信犯かというとそうでもない。むしろ、自分たちの問題に気づいていないようにすら見えます。

草彅さんの逸脱行為に対しては、本人のキャラクターもあってか世論は同情的で、「お酒を飲んだら普通のこと」「ストレスもあるだろうし、まだ若いんだから」というようなコメントが多くなされました。ちなみに草彅さんは、2010年7月のアルバムではザ・フォーク・クルセダーズの「帰って来たヨッパライ」をカバーしています。

しかし、実際に公衆の面前で真っ裸になって、それを覚えていないような飲み方をしたことのある人が、どれだけいるでしょうか。それが当たり前だと言われたら、アルコール依存症で医者にかかる人などほとんどいなくなってしまいます。

アルコール依存症は、本人の健康を蝕むだけでなく、年間約3000人から5000人もの人たちの自殺の原因となり、さらには問題行動によって周囲にも影響を及ぼす病気です。血圧が140を超えればみんな慌てて病院に行くのに、それよりもはるかに危ない状態の人たちを医者から遠ざけてどうするのでしょうか。

社会に莫大なダメージを与えている病気に対して、医者でもない人たちが「それは病気ではない」「普通のことだ」と公の電波で放言することは犯罪行為としか言いようがありません。

遺族の終わらない苦しみ

自殺によってもっとも影響を受けるのは、遺された家族であることは言うまでもないでしょう。働き盛りの大黒柱に死なれてしまった家族のその後は、物心ともに悲惨です。なかでも困窮を極めるのが自殺によって父親を失った家庭で、「あしなが育英会」では、奨学金を受ける子どもたちの多くが自殺遺児だそうです。

交通事故は無条件に保険がおりますし、補償はどんどん充実しています。事故後のほうが、経済的に楽になる家庭もあるそうです。ところが自殺者に関しては、死亡退職金が出たり、労災に認定されたり、あるいは借金を返すため計画的に自殺したりしたケースは別として、何の補償もないという場合が多い。

日本には、自殺者に対しての保障システムもなければ奨学金制度も貧弱で、さらに今は生活保護がどんどん打ち切られるご時世です。したがって、親の自殺によって教育の機会を奪われる子どもたちは後を絶ちません。大学どころか、高校もあきらめるようなケースが出ています。

遺族の心理的な後遺症が大きいことも、自殺の罪深いところです。交通事故で身内を亡くした場合、事故の相手をうらむことはあっても、それが一生の心の傷になることは意外に少ない。ところがそれが自殺だと、遺族には「自分は捨てられた」という意識が強く、さらに「原因が自分にあったのではないか」と自罰的になってしまいます。

また自殺の現場を目撃してしまうと、PTSDになる確率がかなり高い。その影響は生涯に及び、自殺者の遺族がうつになったり自殺したりするリスクは、一般人口の何倍にものぼります。

自殺というのはこれほどまでに、残された人間に経済的にも精神的にも深刻な悪影響を与えているのです。年間3万3000人の自殺者が出ているということは、遺族の数は仮に4人家族だったとすれば10万人。自殺が3万人の大台にのってから十数年経ちますから、すでに100万人を超える自殺遺族が生まれてしまったということです。

自殺は減らせる

国連は1996年に、「自殺予防ガイドライン」というものを公表しました。その内容を、精神科医の高橋祥友《よしとも》さんが『自殺予防』にまとめています【表1】。この本は、本章で取り上げたテーマの多くについて詳しく論じた好著です。

このガイドラインを実践し、その他の対策も含めて自殺者を激減させたのが、かつての自殺大国フィンランドです。結果として、1990年には人口10万人あたり30人を超えていた自殺率が、15年で19人になりました。なんと、4割の減少です。

世界でもっとも自殺が多い国と言えば、かつては北欧諸国でしたが、現在はバルト3国とロシアです。北欧で自殺が多かった要因のひとつには、北欧の緯度の高さがあります。冬場の日照量が少ないため、季節性うつを発病する人が多かったのです。そうした人が医療機関にかかるようになって、自殺は激減しました。

一方、北欧に替わって上位を占めるようになったロシア系の国では、自殺の原因としてアルコール依存症の存在が疑われます。これらの国では寒さが厳しいこともあり、大量のウォッカを飲む習慣があるからです。つまり世界的に言えば、自殺対策ではもはやうつよりもアルコール依存症を克服することが、主要課題となっていると言えるでしょう。

しかし日本は、まだうつすら克服できていないというのが現状です。その一番の大きな理由が、マスコミにあるのではないかと私は考えています。

100万人の背中を押すな

20項目からなる国連自殺予防ガイドラインの最後は、マスメディアに関する項目でした。センセーショナルな自殺報道はさらなる自殺を引き起こす危険性が高く、反対に適切な報道は自殺予防に大きな役割を果たす、という内容です。つまり、自殺予防にはマスコミの協力が必須であるということを、国連が言っているのです。

自殺報道が自殺を誘発することは、以前から指摘されています。カリフォルニア大学サンディエゴ校のデイヴィッド・フィリップスは1982年、自殺のテレビ報道があると10日以内に自殺が増えることを統計数字ではっきり示しました。そのほか新聞報道の

【表１】国連自殺予防ガイドライン

①各国の実状に合わせて独自の予防対策を立てる
②自殺に関する研究、訓練、治療のための組織を作る
③総合的な取り組み
④何が問題になっているのか
⑤自殺に関する正確なデータ収集システムを整備する
⑥ハイリスク者への対策を徹底する
⑦ハイリスク者を長期にフォローアップするシステムを作る
⑧問題解決能力を高める
⑨総合的にサポートする
⑩患者を抱える家族をサポートする
⑪ゲートキーパーのための訓練プログラムを作る
⑫精神疾患や自殺予防に関する正確な知識を普及させる
⑬専門家に対する教育
⑭プライマリケア医に対する生涯教育
⑮プライマリケア医と精神科医の連携
⑯生命の価値を再考する
⑰自殺予防教育
⑱危険な手段に対する規制
⑲遺された人をケアする
⑳マスメディアとの協力関係を築く

参考：『自殺予防』高橋祥友

結果、自殺だけでなく、交通事故も増えるということを発表しています。交通事故の一部は、飛び降りや首つりと同じ、自殺の手段なのです。

死にたいと思っている人は、きっかけさえあればそれを実行に移してしまう。そして、うつ病患者の少なくとも3割は、希死念慮（死にたいという気持ち）を持つと言われています。つまり日本にはいま現在、死にたいと思っている人が最低でも100万人近くいるということです。その100万人に対する影響を、テレビは本気で考えなければなりません。

マスメディアは自殺予防に貢献することもできます。人々にうつ病に関する知識を持たせ、うつの人は医者にかからせる。アルコール依存に対しても同じです。前述の通り、日本人は、うつであれアルコール依存であれ、極力そうした病名をつけられたくないと思っています。しかし自殺予防という観点では、はっきり本人に言ってあげることこそが大事なのです。

新潟県東頸城郡の松之山町（現・十日町市）では、1986年から高齢者の自殺予防活動に取り組んできました。松之山方式と呼ばれ現在ではモデルケースとなっているこの活動の中心は、高齢者のうつ病を早期発見することと、地域住民に対して啓蒙活動を行うというものでした。

高齢者に対してうつ病のスクリーニング検査を行い、ハイリスクの人たちは保健師が定期的に訪問し、うつ病とみなされたら集中的に治療をほどこします。それと同時に、おじいちゃんおばあちゃんの自殺の原因はうつという病気であり、うつ病は適切な治療をすればちゃんと治るのだということを、地域の人たちに徹底して周知したのです。

その結果、人口10万人に対して437人（1970〜1986年の平均）も出ていた自殺者が、14年後の2000年には69人まで減りました。全国平均の9倍と異常に高かった自殺率が85％も減少したことからも、啓蒙活動が自殺予防に極めて効果的だということがわかります。

私は日本の自殺者のうち1万人は、経済的困窮がひとつの引き金になっていると考えています。社会福祉の充実により、この点を解決すれば2万人台にまで下げられる可能性が高い。さらに、残りのうつ病の人がみな医者にかかるようになれば、自殺者は1万4000〜1万5000人にまで減らすことができるのではないでしょうか。つまり、

2万人もの人の命を救える可能性があるのです。

報じない方がいいこと

国連の指摘からさらに進んで、WHOなどが自殺報道にまつわるガイドラインを出しています。こちらも『自殺予防』を参考に、紹介しましょう【表2】。

ここに掲げた9項目のうちのひとつとして、日本のテレビが守っていることはありません。「いじめ自殺」の報道を一例に、考えてみましょう。（　）内は、違反している項目です。

「いじめ自殺」が起きると、ワイドショーやニュースはその話題で持ちきりになります（①）。そこではいじめが自殺の原因と断定されますが、いじめられている人はそれこそ万単位でいるはずなのに、「いじめ自殺」とされる自殺は年間10件くらいです。いじめられた時にうつだったとか、家庭が崩壊していて相談相手がいなかったという、いじめ以外の背景に触れることなく、なんでもかんでもいじめのせいにするというのは実に短絡的と言わざるをえません（②）。

【表2】WHO自殺報道ガイドライン

① 短期的に過剰な報道をすることを控える
② 自殺の原因と結果を単純に説明するのを控える
③ 自殺報道は中立的に伝える。自殺をことさら美しいものとして取り扱ったり、悲劇性を強調しない
④ 自殺手段を詳細に報道しない
⑤ 実名報道を控える（特に青少年の場合）
⑥ 自殺の背後にはしばしば心の病が潜んでいるが、それに対して効果的な治療法があることを強調する。同じような問題を抱えながらも、適切な対応によって自殺の危機を乗り越えた例を紹介する
⑦ 具体的な問題解決の方法を掲げておく。専門の医療機関や電話相談などについても必ず付記する
⑧ 日頃から地域の精神保健の専門家とマスメディアが緊密に連携する
⑨ 短期的・集中的な報道に終わらせず、根源的な問題に対する息の長い取り組みをする

参考：『自殺予防』高橋祥友

基本的にマスメディアには自殺誘発効果がありますが、もっとも誘発されやすい年代は青少年です。それなのに、「いじめ自殺」に関する報道は自殺報道のなかでも特にセンセーショナルで、「これなら自殺しても当たり前」と言わんばかりの論調です。さらに遺影や葬儀の風景、涙する人々がこれでもかと映し出され、悲劇性をあおります（③）。（これだけは多少改善されれ

ましたが）ほとんどの場合、自殺した少年たちは実名で報道されました（⑤）。こうした個人情報を開示しておきながら、背景に潜む心の病について触れることはありません。日本の社会、なかでもテレビにおいて、心の病について指摘することはタブーになっているからです。自殺を予防したいという気持ちが少しでもあるならば、「私もつらかったけど、頑張ってよかったです」というようなケースこそ紹介しなければなりません。どれだけいじめられても、多くの人は自殺していないのですから（⑥）。

起きてしまった自殺は詳細に繰り返し報道するものの、自殺しないための方法が紹介されたり（⑦）、前向きに検討されたりすることはありません（⑨）。私のような精神科医には、何か事件が起こった時だけ電話がかかってくるというのが現状です（⑧）。

実際、中学生の自殺が顕著に増えた年があります。１９８６年と94年です。前者では前年の79人が１１０人に増え、後者では前年の40人が69人に増えました。86年には東京の中野でいじめを苦にした中学生が自殺、94年には愛知県で激しい恐喝（いじめというより恐喝が正しい表現だと思います）による自殺が起き、いずれも「いじめ自殺」として大報道された年でした。

大報道がやんだ87年には中学生の自殺が54人に減り、96年もやはり41人にまで減りました（94年の事件は11月の末だったので、95年にも大報道が続いたのです）。これを見る限り、いじめで自殺する子どもより、報道に誘発されて自殺する子どものほうが多いとしか思えません。

オーストリアでは、このガイドラインを守るようになった途端に地下鉄自殺が減りました。練炭自殺や硫化水素自殺のやり方を見て、真似をする人が後から後から出てしまった日本とは正反対です（④）。それほどまでに効果的なこのガイドラインをマスコミが順守しないのは、先進国では日本だけのようです。いろいろな項目があるため一見複雑ですが、単に自殺に関する報道を控えるだけで、大方の問題は解決するでしょう。

自殺も殺人もきっかけ次第

たとえガイドラインを守らない自殺報道を見ても、97%の人は「かわいそうに」「あんな偉い人がね」で済みます。しかし、のこり3%のうつ病の人は「やっぱり俺も死のうかな」ということになってしまいます。

人の生死に関わっている以上、この3％の人たちへの影響は考慮されてしかるべきです。これは医療過誤を糾弾して、安易に制度を変えさせることとは異なり、実質的なデメリットはほとんどないと思われます。もしも関係者の中で「自殺報道のガイドラインを守らないメリット」を主張できる人がいれば、ぜひ教えていただきたい。

テレビもこうした局所的な影響について、まったく手をこまぬいていたわけではありません。自殺報道についてはまだ手付かずですが、70年代に比べれば、テレビの中での暴力シーンなどは激減しました。そこには「表現の自由」との兼ね合いもあったでしょうが、やはり実害を考えたうえでの判断がはたらいています。

バイオレンスシーンが暴力を誘発し、レイプシーンがレイプを誘発する。こういう面は否定できないというのが、精神科医としての立場からの意見です。このような話をすると、スーパーマンが空を飛ぶからといって真似をする子どもがどれだけいるんだ、と反論する人が必ずいます。

たしかに暴力シーンを見ても、99％の人は暴力を振るわないかもしれない。しかし残念ながら、たまたま「あいつを殴ってやりたい」あるいは「ぶっ殺してやりたい」という衝動を抱えている人間にとっては、暴力を振るう引き金になることがあるのです。

一般人の感性からすれば、テレビを見て自分も犯罪を犯そうと思うなどということはありえません。しかし、残念ながらそういう人も存在するのです。いわゆる道徳観が欠如している「反社会性人格障害」は、人口のおおよそ1～2%と言われています。「殺人が罪に問われなければ、あなたは人を殺しますか」という問いに「それなら殺す」と答えるような人のことです。

驚かれるかもしれませんが、この比率で計算すると道徳観をまったく持たない人は全国に200万人前後もいることになります。知的レベルには問題のない障害ですから、その多くは「定職を失いたくない」とか「家族が村八分にされたくない」「刑務所に入りたくない」「死刑は怖い」という理由で罪を犯さずにいるのです。しかし、中にはそうした社会的なたがが外れて、「死刑になってもいい」「どうせ俺の人生なんて」と思ってしまう人間も混じっている。その代表が、池田小児童殺傷事件の宅間守や秋葉原通り魔事件の加藤智大でしょう。

もちろん映画には、今でも暴力シーンなど刺激的な描写が存在します。小説も同様です。しかし、言うまでもなくこれらのメディアは、受け手がかなり能動的にならなければ、接触できません。しかも映画は一定の年齢制限などが設けられていて、テレビとはかなりの違いがあります。

そのような事情があるからこそ、少なくとも暴力シーンなどについては、テレビでも一定の自主規制が働いたのです。それならば、より身近な自殺報道について、そろそろ真剣に考えてもいいのではないでしょうか。

7　高齢者は日本に存在しないという姿勢

「お年寄り」のイメージ

テレビというものは、高齢者についてまったく知らない。これは、本書で私がどうしても伝えたいことのひとつです。

テレビの世界では、高齢者といえば即・要介護とか、即・老老介護というようなステレオタイプがまかりとおっています。そもそもテレビが前提とする高齢者像は、テレビ放送がはじまって間もない1960年代のまま止まってしまっているように見える。つまり彼らは、いまだに明治生まれのお年寄り像を持っているのです。

しかし、現在の高齢者の主流はもう昭和ひとけた生まれで、大正生まれともなると超のつく高齢者といえます。その昭和ひとけた生まれといえば、だんだんサラリーマンが増えてくる世代。1962年の映画「ニッポン無責任時代」では、植木等演じる大卒のサラリーマン平均《たいらひとし》氏が、背広を着てゴルフをしています。

さすがに当時の大学進学率は10％から15％くらいですが、それにしても、昭和30年代後半にして既にそれが〝平均〟的なサラリーマン像だったのです（やや誇張はあるにしても）。平均氏が昭和7、8年の生まれだとすると、彼が定年退職を迎えたのは平成の初頭でしょう。

現役時代を農民や工員として過ごした人は、昔ながらのお年寄りのイメージどおり、早寝早起きだったかもしれません。しかしサラリーマンだった昭和ひとけた生まれの高齢者には、宵っ張りが多いのではないか。いくら歳をとったからといって、あるいは定年退職したからといって、とつぜん生活習慣が変わるということは考えにくいからです。そうして、こうした高齢者（65歳以上の人たち）は、いまや日本の人口の4分の1を占めようとしています。

それにもかかわらず、テレビはいまだに深夜帯が若者枠だと思い込んでいます。その思い込みを裏切るように、深夜枠でドキュメンタリー番組を放映すると、高齢者がこぞって見ているらしい。普段は、夜中に彼らが見られる番組がないため、NHKラジオの「ラジオ深夜便」を聴くか、BSのテレビショッピングでいりもしない物を買ったりするしかありません。まあ、それはそれで消費の促進になっているのかもしれませんが。

「水戸黄門」より健康番組

高齢者についてテレビが誤解しているのは、視聴の時間帯だけではありません。番組の内容についても、「年寄りといえば水戸黄門」くらいに思い込んでいる。しかしそれはもう10年、20年前の話であって、今の高齢者の多くは「そんなのは、じいさんばあさんの見る番組だ」と思っているはずです。

実際のところ高齢者は、「水戸黄門」より健康番組を見たがります。自分たちの身にまさに迫っている問題ですから。だから、みのもんたの「おもいッきりテレビ」はひとつの方向性としては正しかった。しかし、経済でも医療でも健康でも、もう少し硬質な番組やきちんとした情報があれば、そちらの方を見たいという人は多いはずです。

2000年にはじまった介護保険制度によって、デイサービスなど高齢者のための公共サービスが盛んになりました。そうしたなかで、「いまの高齢者というのは、テレビが流布しているイメージのお年寄りじゃなくて、もっと後に生まれた若い世代なんだ」ということが現場レベルでわかってきたのです。私自身、高齢者医療の現場を通じて、こうした「新しい高齢者像」に気付かされた部分があります。

そろそろ、カラオケに行っても演歌を歌わないような世代が高齢者の仲間入りをしようとしています。いまや谷村新司さんが60歳を超え、「戦争を知らない子供たち」の北山修先生が64歳で九州大学教授を定年になろうというご時世です。

最近ではさすがに少なくなったと思いますが、つい10年ほど前まで認知症の高齢者には童謡を歌わせていました。ところが実際は、いくらボケてもそうそう「子どもレベル」になるものではありません。認知症で多少、知的レベルが落ちたといっても、高齢者が童謡を歌わされて喜ぶことはないのです。

彼らが喜ぶのは、やはり彼らが若い頃にはやっていた歌です。だから、いまの80代だったら軍歌でも「リンゴの唄」でもいいでしょうが、それがだんだん橋幸夫になり、美空ひばりになって、じきにデイサービスでビートルズが歌われるようになるでしょう。

こうした傾向は、認知症の人でさえそうなのですから、知的にしっかりした人であれば何をか言わんやということです。

高齢化する社会、幼稚化するテレビ

日本人の平均年齢は、1950年当時に26歳だったものが、2000年には41歳になりました。現在の推計では、45歳とのことです。それだけ、高齢化が進んだということです。テレビというのはマスメディア、すなわち多くの人に見てもらわなければならない媒体ですから、本来ならば対象年齢をどんどん上げていかなければならなかった。

つまりテレビはこの半世紀の間に、15〜20歳分大人になるべきだったのです。ところが、大人になるどころかどんどん幼稚になって、若者向けの番組を増やすばかりでした。若者への迎合は、民放に限った問題ではありません。NHKの紅白歌合戦を見れば、それは明らかです。

健康番組では「元気に長生き」を推奨しておきながら、テレビは高齢者の存在をまったく無視している。そのことは、65歳以上の視聴率は実質的にカウントしていないという事実に端的に表されています。視聴率というのはスポンサー対策ですから、高齢者がお金を持っていないというならばそれも理解できます。しかし実際はその正反対で、日本の個人金融資産の7割近くを保有しているのは、人口の2割強にすぎない高齢者なのです。

普通のビジネスならば、高齢者とその資産を〝宝の山〟と考え、切り崩しにかかるでしょう。たとえばセブン‐イレブンは、ある時期から高齢層をいかに呼び込むかということに腐心してきました。しかしテレビには、高齢者に訴える番組作りを志す人はいないようです。せいぜい「水戸黄門」の再放送でも流そうか、というくらいでしょう。

なぜだかテレビは、いまだに若い視聴者を開拓しなければいけないという強迫観念に駆られているようです。しかし、若い人はお金を持っていないし、そのうえ人口に占める若年層の比率は年々減っています。さらに若い人はインターネットを使いますから、テレビの客層としてはますますおいしくない。

現状を見れば、テレビ局の経営が苦しくなったのも、むべなるかな、です。テレビ局の収入は基本的に広告収入です。たしかにかつての日本企業には、「とりあえずテレビコマーシャルを流しておけばいい」というような発想がありました。しかしスポンサー企業も苦しい時代になり、いつまでもテレビ局と広告代理店に騙されてばかりもいられません。菓子メーカーなどはともかくとして、視聴率が高いからといって若者番組に広告を出すのは馬鹿げていると思います。

高齢社会への背信行為

いまのテレビには、高齢者が見たいと思うような番組がありません。それでも、高齢者にとってテレビは大切なメディアです。

なぜなら若者たちと違って、いまの60代、70代以上の人たちのコンピューターに対するリテラシーは、まだまだ低いからです。もちろん、必要な情報は新聞から得るという人もいるでしょう。けれども、テレビが高齢者にとって非常に重要な娯楽の供給源であるということを無視してはいけないと、私は考えています。

現実問題として、あまり豊かでない1人暮らしのお年寄りや認知症、あるいは自由に出歩くことのできないお年寄りにとっては、テレビを見るくらいしか刺激や娯楽がありません。ところが、彼らにとって最大の刺激であるはずのテレビは、前述のように若者に迎合した番組ばかりを流しているのです。

しかし、見たい番組がないからといって、高齢者がテレビを見なくなったらどうなるでしょうか。おそろしいことに、ボケてしまう可能性が高い。高齢者の脳というのは、刺激を受けないとどんどん老化します。歩かないと足の筋肉が衰えてしまうように、脳も使わなければ弱ってしまう。これを「廃用」と言います。しかも、廃用は歳をとればとるほど早く進みます。

たとえば、若いころは骨折で1カ月ベッドに固定されていたとしても、いざ起き上がれるようになれば翌日から歩くことができます。ところが高齢者の場合、風邪をこじらせて1、2週間寝ついただけで歩けなくなり、そのまま寝たきりになってしまうということさえある。これは、加齢によって筋肉が廃用を起こしやすくなったためです。

脳もまた廃用を起こしやすいことを考えれば、残念ながら、テレビにはたいへん貴重な社会的役割があると言わざるをえません。脳の老化予防という機能を、テレビがある程度果たしてくれているということです。

若い人はテレビを見なくても脳は廃用を起こしませんし、むしろテレビばかり見ていたら馬鹿になる。そもそも若い人にはほかのメディアもあれば刺激もあるから、テレビがなくても困りません。しかし、お年寄りの脳にとってテレビは重要な刺激です。

高齢者が楽しめる番組を作らないということは、高齢社会に対する背信行為と言っても過言ではありません。許認可事業であるテレビには、社会に対する一定の責任を果たしてもらわなければ困るのです。

笑いのレベルが低すぎる

それでは、高齢者が楽しめる番組というのは、高齢者しか楽しめない番組なのでしょうか。そんなはずはありません。

お笑い番組を例に、考えてみましょう。一般的にテレビの世界では、若い人と年寄りとでは笑いの〝つぼ〟が違うと考えられているようです。つまり、若者向けのお笑い番組をお年寄りが見てもおかしくないのは、センスの差だというわけです。

しかし、笑いの殿堂・なんばグランド花月（NGK）に行ってみれば、いつもお年寄りがゲラゲラ笑っています。ではその時に若者たちが笑っていないかと言ったら、同じところでもっと笑っている。つまり、レベルの高い芸であれば年寄りも若者も笑わせられるけれど、レベルの低い芸では箸が転んでも笑うような人たちしか喜ばせることはできないということなのです。高齢者でも笑わせることができる芸人が出演する「笑点」の視聴率を見れば、それは明らかです。

これは、高齢になるほど強い刺激でないと脳が反応しにくくなるという摂理からすれば当然のことです。ところが世間では、「弱い刺激」に反応することが笑いのセンスがあるということだと勘違いしています。

お笑いがテレビ中心になるまで、芸人にとって花月に出演するということは非常に高いハードルでした。その舞台に立てるようになっても、笑ってくれない客がいると芸人は焦る。ところがテレビでは、視聴者の反応は目に見えません。たとえ内輪ネタでも、現場のディレクターさえ笑わせられればまた呼んでもらえるから、自分に芸がなくても芸があるように錯覚してしまうのでしょう。若手芸人もテレビのスタッフも、お年寄りを笑わせられないのは自分たちが二流だからだということに、まったく気づいていない。

情報番組のディレクターは、コメンテーターに「中卒の人にでもわかるように話してください」とくどいほど指示します。そうやってテレビでは、超のつくほど単純明快な筋立てのワイドショーや情報番組、ニュース番組を作っているのです。ところがお笑いやバラエティ番組、ドラマについては、年寄りにわからなくても構わない、あるいはわからなくて当然と考えられています。

社会の役に立つという観点からすれば、高齢者に届く番組を提供することはテレビの大きな役割のひとつです。そして笑うことには、免疫機能を上げるという効果もあります。特に免疫機能が下がっている高齢者にとっては、笑うことでインフルエンザやがんになりにくくなるという直接的な効用も期待できる。実際、NGKで笑った後は、がんの予防効果があるとされる免疫細胞であるNK細胞の機能が高まるという実験結果もあります。つまりテレビというメディアにおいては、ニュースより娯楽番組の方が誰にでも伝わるものでなければならないのです。

複雑な現実を伝えるニュースで異常なほどわかりやすさを追求する一方で、娯楽番組ではお年寄りを排除したような作りをする。これは本末転倒もいいところです。私は若者にしか通じないお笑いを否定するつもりはありません。しかし、そうしたものはマスメディアではなく、小劇場でやればいい。

感情を沸き立たせることは、すべて脳の刺激になります。たとえばドラマでも、感情移入できるようなものは強い刺激を与えてくれます。その点、橋田壽賀子作品というのはやっぱりすごい。年寄りくさいと思われるかもしれませんが、80代のおばあちゃんと50代の娘や嫁が一緒に見られ、20代の人が見たとしても意外と楽しめる。そんなドラマは、そうそうないでしょう。

テレビは、くだらない若者向けバラエティ番組の垂れ流しを即刻やめて、もう少しレベルの高い番組を提供してもらいたい。そうすれば高齢者の老化予防、ひいては医療費の削減にもつながるはずです。

施設介護を悪者にするな

高齢者を知らないテレビは、高齢者やその家族にとって切実な問題である介護に関しても知りません。したがって、これまでも繰り返し述べたような「珍しいケース」を代表例のように報じてしまいます。

２００９年には、長門裕之さんと南田洋子さんの在宅・老老介護が、テレビで大々的に取り上げられました。ただしこれは2人のヘルパーが雇えるという、例外的に恵まれたケースです。老老介護というのは一般的に、おじいちゃん、おばあちゃんがつれあいを献身的に看ているというふうに思われがちですが、通常は子どもたちの手を借りてなんとか成り立っています。長門家のように子どもがいなくて老老介護をするためには、実際問題としてヘルパー2人を常勤で雇わないと手が足りないくらいなのです。

しかし、長門さんへの遠慮からかもしれませんが、それだけの経済力を持った人が世の中にどれだけいるのかということは論じないままに、この芸能人夫婦の在宅・老老介護は美談として取り上げられました。

実際の在宅介護はきれいごとではなく、いつも共倒れの危険性と隣り合わせです。介護を苦にした心中もしばしば起こっていますし、介護疲れによる被介護者殺しは年間50件にも達していますが、テレビではスポットニュースでさっと報じておしまい。親を施設に入れるなんて、とんだ恩知らずか親不孝者と言わんばかりです。

テレビのおかげで、身内を介護施設に入れた人はきわめて肩身の狭い思いを強いられています。しかし、施設介護の何が悪いというのでしょうか。施設介護によって一家に団欒が戻り、施設にいるおばあちゃんにもやさしくする余裕が生まれ、しょっちゅう見舞いに行っている、という家族がたくさんいます。

おむつについても、同じです。テレビではよく、おむつを当てることは人間の尊厳を奪う残酷な行為だと言います。しかし、尿のことに気をとられなくなれば、介護の質は確実にあがります。おしっこの問題に明け暮れていると、話しかけたり一緒に散歩に行ったりという本当に必要なことが、なかなかできないからです。

しかし、施設介護やおむつのことがテレビでそのような視点で取り上げられることは、少なくとも私が知る限りありません。

在宅介護はできない相談

何事も100%理想どおりにいけば、それに越したことはありません。在宅介護が理想的かどうかという問題は別として、全ての介護が在宅でできるならそれはそれでいい。ところが、在宅介護というのは年々難しくなる一方です。

なぜなら、いま現在、親の介護をしている、あるいは手伝っているのは団塊の世代です。要介護あるいは認知症になるのは多くは80代後半ですから、子どもは60歳前後。きょうだいの数が多い団塊の世代ならば、辛うじて親の在宅介護が可能かもしれません。しかし1947年に4・5人だった出生率は、わずか10年後の1957年には2・0人まで下がっています。そして半世紀後には、たったの1・3人になりました。そうしたことを考えれば、そろそろいい加減に「家で看るのは難しいよね」という話をしなくてはならない。

老人を自宅で介護することは当たり前かつ美しい行為であり、人は自宅の畳の上で死ぬことが一番幸せなのだ、というストーリーがテレビでは繰り返し語られます。しかし、テレビが大好きなこの美談はなんら実態のないものです。

なぜなら、そもそも日本には家族による在宅介護の伝統などありませんでした。戦前は人生が短かったから長い老後の介護など必要なかったし、例外的に長生きできたのはお金持ちですから、仮に介護が必要になっても世話をするのは家族ではなく使用人です。

それから日本の医療財政は、1990年前後まで非常に良好でした。まだ高齢者が少なかったからです。そうした時期には「社会的入院」というものがあり、たとえば北海道ではおじいちゃんやおばあちゃんを冬のあいだ病院に預けるというようなことを普通にやっていた。リハビリが半年で打ち切られる今では夢物語ですが、本当の話です。

日本人が何の根拠もない在宅介護を当たり前だと思わされてしまう背景には、日本人が背負っている古い価値観があるのでしょう。子どもが親の面倒を看るのは当然だという、儒教的道徳に基づく思い込みです。儒教的道徳が崩れつつあるとはいえ、少なくとも我々の世代ぐらいまでは何となくそういうものを持っています。テレビはその思い込みに乗じて、見る人を苦しめているのです。

高齢社会の中で国民の大半がなんらかの形で直面する厳しい現実に対して、「絵になる」かどうかでよしあしを判断することや、無根拠な道徳を押し付けることは慎んでもらいたいと思います。

アルツハイマーは怖くない

長門裕之さん、南田洋子さんに関するテレビ報道については、もうひとつ問題がありました。アルツハイマー型認知症について、世間に誤解を与えたということです。私自身、ドキュメンタリーの放映後は「アルツハイマーっていうのは、南田さんみたいになる病気ですね」としばしば尋ねられるようになりました。

南田さんの場合はずいぶん進行が早かったように見えますが、実はアルツハイマーというのは、通常はかなりゆっくり進む病気なのです。南田さんは70代前半と発症が比較的早かったために、進行がやや早かったのかもしれません。さらにアルツハイマーとは別に、肝機能に問題があって脳にある種の毒素が回ることでボケの症状が強くなっていたようです。

けれども、テレビではそういうことをきちんと解説しませんから、アルツハイマーというのは進行が早くて異常行動が多い病気だと思われてしまう。ここでもまた珍しい事象を取り上げて、それを一般化してしまっているのです。

たしかに、もともとアロイス・アルツハイマーが最初に発見した患者は数年の診察ののち56歳で亡くなったということですから、今で言うところの若年性アルツハイマーだったのでしょう。若年性アルツハイマーは進行が早く、そのためにアルツハイマー病というのは悲惨な病気だというイメージが流布してしまったのです。

しかし1980～90年代になると、それが老年痴呆、つまり歳をとってボケるのと同じ病気だということがわかってきました。そして今では、必ずしも早く進む病気ではないと考えられるようになっています。

アルツハイマーに限らず、テレビは悲惨な例ばかりを好んで取り上げます。そのせいで、病気に対する不安が高まってしまうことが往々にしてあるのです。また、悲惨な例を事実どおりに紹介するだけでなく、より悲惨に見えるように工夫もこらします。

たとえば、アルツハイマーの老人をベッドに縛り付けるのは残酷なことに見えます。しかし、脱水を起こした場合など、点滴をするためには抑制する必要があるのです。老人が勝手に点滴を抜いてしまっては、危険だからです。

たしかに、映像では残酷に見えるかもしれません。しかしそれは、意図的に残酷に見えるシーンを切り取っている可能性もある。映像には言葉にはない影響力があります。

そして、テレビはそのプロなのですから。

8　テレビを精神分析する

許認可事業という特権

本書では、もっぱらテレビを悪役としてきました。関係者ならずとも、「悪いのはテレビばかりじゃないだろう」と言いたくなるかもしれません。

実際その通りで、ここまでの話は必ずしもテレビだけの問題ではありません。日本人の命を奪い、冤罪を生み、医療崩壊を招き、教育を損ない、地方を殺し、格差を広げ、高齢者を貶めてきたのは、新聞を含むいわゆる「大マスコミ」も同罪であると言うこともできます。ただし、その傾向はテレビにおいてより顕著です。このことについてはある程度、同意していただけるのではないでしょうか。

テレビは「許認可事業」です。総務省の認可を受け、公共の電波を借りて業務を行っています。そこが、新聞やその他のマスコミとの最大の違いです。

テレビ局は電波を使うにあたって、微々たる使用料しか支払っていません。しかし放送免許という特権を用いて、局にもよりますが、数百億円にものぼる経常利益を生み出している。そうである以上は、公共の役に立つことが期待されます。娯楽番組で金儲けをするのはかまわないけれど、ちゃんと国民に知らせるべきことは知らせてくださいよ、というのが認可の条件なのです。

放送法では、テレビ番組は「報道番組」「娯楽番組」「教養番組」「教育番組」の4つに分類されていて、放送枠の配分についてはしばりがあります。総合放送局では教育番組が10％以上に教養番組を20％以上、教育放送局では教育番組を75％以上に教養番組を15％以上流さなくてはならない、という条件です。

教育放送局というとまず思いつくのがＮＨＫ教育テレビですが、テレビ朝日も元は「日本教育テレビ」という教育番組専門の放送局でした。免許交付にあたっては、教育番組を50％以上、教養番組を30％以上放送するという条件がつけられていました。かつて「東京12チャンネル」と呼ばれていたテレビ東京も、当初は教育番組が専門でした。

しかしこうした条件は、完全にないがしろにされていて、民放の番組（テレビ朝日、テレビ東京も含めて）の8割は娯楽性の強い番組と見られています。要するにかなり娯楽性の強い内容までが「教育番組」や「教養番組」の建前で放送されているのです。

放送法に基づいて、各局には「放送番組審議会（番審）」というものが設置されています。学識経験者からなる委員が、「番組放送の向上」を目的として議論する場ということになっています。ただし、その委員を選任するのは当のテレビ局で、番審は第三者機関ではありません。政治家・官僚並みのお手盛りですから、そこには委員を外れたくないがために局に都合のいい発言をする人が含まれている可能性が高いのです。

NHKが不祥事を起こした時、民放はこぞって外部の第三者機関を設置すべきと主張しましたが、それならば民法の番審だって第三者機関にすべきでしょう。民放は都合のいい時だけ「民放とNHKは違う」と言うけれど、どちらも許認可事業であることに変わりはありません。

公共の電波が、国民ではなくテレビ局の利益のために使われていることを端的に示すのが、通販番組の多さです。デジタル放送への移行を前に、ようやくBS放送で通販番組が多すぎることが問題になってきました。総務省が規制するのではという報道もありますが、地上波放送に関しては、いまだそうした議論はほとんどなされていないのが現状です。

感情に訴えるメディア

新聞には、よきにつけ悪しきにつけ提言というものがあります。それは特定の人の意見かもしれませんが、一応は建設的ではある。しかし私はテレビで、そうしたものを見たことがありません。私はテレビとはもっとも頭(認知機能)に悪く、心にも悪いメディアだと思っていますが、その最大の理由は「映像」と「時間的制約」です。ここからは、テレビで用いられる手法を精神医学の視点から考えてみましょう。

人間というのは感情の状態によって思考パターンが変わる生き物で、たとえば怒りの感情が刺激されるほど短絡的な判断をしやすくなります。誰でもかわいい盛りに飲酒運転による交通事故で命を落とした子どもたちの映像を見れば、加害者に対して怒りが噴き出すでしょう。一般論からいうと、怒りの感情に駆られたときに建設的な意見が出てくることはありません。誰でもカッとなった時は、「みんなで何とかしよう」というよりは、往々にして「あいつは許せん、やっつけろ」という話になりがちです。

もちろんどのメディアでも受け手の感情に訴えることはできますが、文字よりも音声よりも、映像の方が強い。つまりテレビとは、もっとも見る者に短絡的な思考をさせやすいメディアなのです。

感情に訴える力が強ければ、理性に訴えてバランスをとればよさそうなものですが、テレビはあえてそれをしません。その最大の理由が、時間的制約にあります。30分なり1時間という限られた放送時間にたくさんの話題を詰め込むため、また視聴者に飽きられないため、テレビのニュースやワイドショー番組というのはひとつの話題に十分な時間を割きません。

コメンテーターは、1分も話せば「長すぎる」と注意を受けてしまいます。テレビで犯人の心理についてコメントを求められて、こちらがいくつかの可能性を挙げても、放送されるのは1つの要因だけです。目の前で長い時間、話を聞いた患者さんの心理でもそう単純に判断できないのに、診たこともない犯人を、やったことだけを見てこうと決めつけられるわけがありません。

前述した医療過誤に関して、新聞や雑誌、あるいはラジオに対しては「刑事裁判でグレーの場合は、民事裁判に訴えればいい」というコメントを寄せることも可能でしょう。しかしテレビでは、こういうややこしい話は短時間で説明しきれないため、それがどれだけ本質的な問題であっても、きちんと解説させてもらえないのです。

白と黒しかないという考え方

敵でなかったら味方、満点でなかったら0点、善人でなかったら悪人、薬でなかったら毒で、その中間はないという発想を「二分割思考」と言います。この世には白か黒しかなく、グレーは存在しないという伝え方はテレビの特徴的な手法です。

過去2回の衆議院選挙に関する報道を見ても、それは明らかです。2005年は郵政民営化、2009年は政権交代だけが論点であるかのように報じられました。いずれも政党といえば、あたかも自民か民主しかないようなありさまでした。

そうした流れの主役は、やはり新聞ではなくテレビです。郵政選挙の時は小泉さんの

「郵政民営化に賛成するのか反対するのか、国民に問いたい」という姿が、また政権交代の時は鳩山さんの「民主党に政権交代の力を」という映像が繰り返し流されたことで、みんななんとなくそのムードに浸ってしまったのです。

外国のドキュメンタリーやニュース番組と比べて、日本のテレビの多面性のなさは異様に映ります。アメリカでは、9・11の同時多発テロ以降になされた報道が、のちに有識者によって批判されています。「あの時、アメリカは狂っていた」というのです。そうであれば、一面的な報道が日常的になされている日本は、慢性的に狂っていると言えるでしょう。

精神医学や認知心理学では、二分割思考というのは最悪の考え方とされ、認知療法という心の治療においても、もっとも避けるべきこととされています。二分割思考が心に悪いという話は、前著『人生の軌道修正』でも取り上げました。

周囲の人を敵か味方だけに分けて考える人は、自分の味方だと信用していた人がちょっと自分の批判をしただけで、「あいつは敵になった」と失望してしまいます。物事をオール・オア・ナッシングで受け止めてしまう人ほどうつになりやすく、うつになった後も悪化して、自殺してしまいやすいのです。

テレビはその限られた時間を、自らの使いやすい人にしか割きません。短時間でわかりやすく伝えることを最優先すれば、必然的に極端な二分割思考になっていきます。だからテレビコメンテーターとして生き延びるためには二分割思考をしなくてはなりませんし、テレビ的に頭がいいとされる人はほぼ例外なく二分割思考なのです。

偉い人は正しく、正しい人は完全？

テレビでは発言の内容よりも、誰が発言したかを重視する傾向が強く、「この人が言うことはすべて正しく、あの人が言うことは何でも間違っている」となりがちです。社会心理学ではこうした思考を「属人思考」と呼び、幼稚な認知パターンのひとつとみなします。

たとえば経済の論議で「消費税より累進課税を復活した方がいい」という意見があるとしましょう。その時に、同じことでもノーベル経済学賞を取ったポール・クルーグマンが言うならありがたく押し頂くけれど、私が言ったら「素人が何をほざく」という反応をすることが属人思考です。

経済の問題だって、経済学者だけで話して行き詰っているのだから、精神科医や心理学者など別の視点で語れる人の意見も入れてみればいいのに、私が「朝まで生テレビ！」などの討論番組に呼ばれるのはやはり医療か教育のテーマだけです。

専門家主義というのは、すなわち肩書きにつられやすいということでもあります。肩書きでいえば、もちろん准教授より教授の方が上です。しかし日本の場合、大学教授というのは上がりポストですから、残念ながら話が古くなることが多い。最新の知見を持っているのは、准教授クラスの方だったりします。

こうした属人思考が助長されればされるほど陥りやすいのが、「完全主義」です。その人が言っているから正しいと考える以上、その人には常に立派な人でいてもらわないと困る。おのずとテレビは完全な人間像を求め、そこからはみだした場合はコテンパンにたたくことになります。

認知療法の生みの親であるアーロン・ベックは、この完全主義が二分割思考と結びついた場合の危険性について指摘しています。完璧な結果でないと自分に合格点をつけられない人はもっとうつになりやすく、少しよくなっても「まだ昔の自分じゃない」と否定的に捉えてしまうので、うつが治りにくいのです。

厳しく倫理を言うけれど

ある種の倫理にひどく厳格になっているのは、テレビに限ったことではありません。道徳律にのっとった話は一見もっともなものに映りますから、誰もが「そうだ、そうだ」と納得し、にわかに正義の味方になったかのような錯覚を持ってしまいます。

特にテレビは、ありもしない家族介護の伝統を信じ込ませてしまうほどに、日本人の心情になじむ話運びが上手です。さらに、「盗人にも三分の理」という発想を持ち合わせていないため、持ち上げる時は徹底的に持ち上げておいて、ひとつでも落ち度がみつかると、その人が別人になったかのようにコテンパンにたたきます。

たたかれる側にしても、テレビでたたかれるのと週刊誌でたたかれるのとでは、ダメージが違います。世間的にはテレビに出ることは偉いことで、テレビの言うことは信頼されているからです。

それはつまり、テレビは出てなんぼの商売であるにもかかわらず、ちょっとしたきっかけで簡単に出られなくなることを意味します。完全な善人などそうそういるわけがないのに、テレビはクレームを極端に恐れ、出演者には一点の曇りもないことを求めます。そういう意味で、テレビ文化人やタレントには高いモラルが求められていて、彼らのテレビに出られなくなるという不安感は相当なものでしょう。

ところがテレビ自体はマスコミの中でも体質が古く、下請けいじめやキックバックがいまだに横行している業界です。番組では厳格な道徳を振りかざしていても、作っている方は決してモラルが高いとは言えません。しかもテレビには、自分たちはクリエーターであり、テレビが流行をつくるという思い込みがあります。それだから儒教道徳めいたものを声高に叫ぶ一方で、勉強ばかりしているのはダサいとか、働き過ぎは古いというようなことを、平気で言うのです。

チャリティ番組をうたっておきながら出演者に高額なギャラを払う。格差社会の底辺を憂いながら、濡れ手で粟の〝セレブ〟（外国のセレブと違って、教養もなく寄付もしませんが）を賛美する。テレビには、そうしたダブルスタンダードがつきものです。そして、そのことは視聴者をダブルバインドにします。ダブルバインドというのは矛盾したメッセージを受け取った人が、その矛盾を指摘することができないまま、メッセージに応答しなければならないような状態を指す家族社会学の概念ですが、そんな状態が心に悪いことは言うまでもありません。

テレビの「わかりやすい」発想には、ほかにも認知療法でいうところの「認知のゆがみ」と呼ばれる心に悪い考え方が詰まっています。物事の肯定的な側面を否定し、悪いところばかりを見てしまう「選択的抽出」。相手の心や物事の将来を決め付ける「読心」「占い」。いいことがあっても取るに足らないと思ってしまう「縮小視」。特殊なケースを普遍化してしまう「過度の一般化」。何々すべきと思い過ぎる「すべき思考」。そして、物事を単純な類型で判断する「レッテル貼り」等々……。

認知がゆがんでいるとどうなるかというと、うつになりやすく、うつになったときに治りにくく重症化しやすい。つまり、自殺しやすいということです。

生きにくい人を大量生産

最近、認知科学の分野で重要性が強調されているのが「認知的複雑性」というものです。これは、白と黒の間にはグレーがあり、グレーにも濃いグレーから薄いグレーまで様々あるということを認識することです。

人間にとって、認知的複雑性が身につくということは健全な成長のステップであり、人間的な成熟を意味します。基本的に動物は、少量なら薬になっても多量なら毒になってしまうようなものは食べません。量という概念がない動物にとって、毒になる可能性があるものは毒と認識しておかないと危険だからです。二分割思考のほうが、知的レベルが低いものにとっては安全なのです。つまり、認知的複雑性がないということは、ある意味では動物レベルだということになります。

認知的複雑性というとなんだか複雑な話のようですが、そんなことはありません。たとえば、いつも味方をしてくれる友人だって時には自分の悪口を言うかもしれないし、アツアツの恋人同士だってたまには喧嘩をするでしょう。そういう当たり前のことを、当たり前と思えるかどうかということです。

しかし、二分割思考の権化であるテレビには認知的複雑性がありません。たとえば北朝鮮は、拉致を認めた途端に「地上の楽園」から極悪非道の犯罪国家になりました。実際は、拉致を認めたことである日突然、北朝鮮という国が変わったわけではありませんし、そもそも認知的複雑性が高ければいいことずくめの話など信じるはずもなかったでしょう。

金正日は寅さんが好きだという話を聞いても、認知的複雑性のない人は「国民を飢えさせておいて、自分は映画を愉しんでいるなんて何という極悪人だ」としか考えられないかもしれません。しかし、「金正日も多少は人間らしい心を持っているのかもしれない」といった思考を持つことだって、重要なのです。

物事を極端に単純化しているテレビを信じるということは、自らの世界をひどく単純なものにしてしまうということです。つまり、脳のソフトがシンプルになってしまう。そして、脳がシンプルな人は思考回路もシンプルですから、「親は在宅介護するものだ」とか「タバコを吸う人は極悪人だ」というような、真偽のほどは別として、とりあえず単純明快な道徳律を信じ込んでしまうのです。

認知的複雑性がない上に古い道徳に縛られた人というのは、言い方を変えれば、頭が悪い上にくそまじめな人ということです。言葉は悪いですが、そういう人は人生に行き詰りやすい。上手に生きる術とはほど遠い、生きにくい人を大量に生んでいるのがテレビなのです。

テレビの最大の罪

単純思考の持ち主は、いわゆる仕事ができないタイプでもあります。社会はそれほどシンプルなものではないどころか、むしろ複雑化しています。したがって、認知的複雑性を身につけないと社会的成功は得にくい。

人生も年齢を重ねるごとにどんどん複雑になっていきますから、若い頃はまだしも、中高年になるとそれでは耐えられなくなってしまいます。近年、中高年に不適応となる人が増えていることには、テレビ的思考の影響があるはずです。

ちなみに、テレビ的思考のなかにも、例外的に「心にいい考え方」があります。それが、仮想敵を作り出してすべての問題をそのせいにしてしまうというものです。不適応になったときに、「自分は不遇なだけだ」とか「悪いのは構造改革だ」と思った方が心は楽になります。しかし、そのままでは何の解決にも結びつきませんから、実生活では一向に浮かばれません。

心理療法のひとつである森田療法では、「顔が赤いから自分は人付き合いができない」という赤面恐怖症の人に対して、「それではあなたは、顔が赤くならなくなったら人間関係も完全になるるんですか」と尋ねます。

ご存知のとおり人間関係というものは、顔が赤くならなければうまくいくというほど単純なものではありません。会話がへたであるとか、人の気持ちがわからないという問題があるかもしれないのに、それを全部、顔が赤くなるせいにしていませんか、ということを森田療法では指摘するのです。その一方で、顔が赤くなっても誠実に話せば、人はきちんと聞いてくれるということも伝える。要するに悩む筋が違う、本当に悩むべきことは人間関係であって、顔が赤いことではないと伝えるのです。つまり、仮想敵を作って、不安や悩みをごまかすより、建設的に悩もうと考えるのです。

実は、人間にとって認知的に複雑であることは、決して楽なことではありません。ありとあらゆる可能性に思いをいたすより、単純に白黒つけるほうが簡単なのは当然です。

しかし、調子がいいときは認知的に単純でも問題ありませんが、ひとたび不調になったときには複雑な認知が逃げ道になってくれます。

身体を壊したりうつっぽくなって思い通りの結果が出せなくなっても「まあ、そのうち良くなるだろう」と考えることができ、少し良くなってきたら「今は80%でもいいよね」と思える人は強い。身体であれ心であれ、常に好調である保証はどこにもありませんから、認知的複雑性というのは人が生きていくうえで欠かせない能力と言えるでしょう。

テレビというのは一般論のふりをして、実はかなりの極論を言っていることが多い。ところが見ている側は一般的な意見として受け止めるから、気付かないうちに単純思考の罠にはまってしまいます。大宅壮一をはじめとする文化人たちが危惧したテレビの悪影響は、バラエティ番組やワイドショーより、教養番組やニュースのほうが大きいかもしれません。なぜなら、視聴者が安心して内容を信じ込んでしまうからです。

テレビが日本人の知的レベルを落としていることは大問題です。しかし、見る人の心の健康を蝕んでいることこそが、テレビの最大の罪なのです。

おわりに

丸ごと1冊、テレビについて攻撃しつづけるという本を書いてしまいました。もしかすると、読者の方の中には、次のような感想を持った方がいるかもしれません。

「テレビにデータを求めるわりに、お前の話はところどころ乱暴じゃないか」

「テレビを悪と決め付けるのは、二分割思考なんじゃないの」

こういう批判の目をお持ちになったのであれば、大丈夫。あなたはテレビに毒されていない、知的で聡明な方であることを保証いたします。

実のところ、この本ではあちこちであえて乱暴な物言いをし、また個人的経験から結論を導いてもいます。ですから、前述のような批判をされることは当然なのです。それでもなお、こういう書き方をしたのはなぜか。それは本書でも述べた通り、テレビの影響力はあまりにも強大で、それに比べて再検証の機会はあまりにも少ないからです。

最近でこそ、ハードディスクレコーダーの普及により、ほぼすべての放送内容をテレビ局は保存するようになりましたが、これまでは事実上「流しっぱなし」でした。

その放送内容を当事者自身が検証するデータすら持っていないのであれば、1人の医者にしかすぎない筆者が、ある程度乱暴な物言いをして立ち向かうことも許されるのではないか。また、そうしておかないと、次々と新しい被害者が生まれるのではないか。それならば、蟷螂《とうろう》の斧《おの》のような試みにも意味があるのではないか。そのように考えたのです。

この本を書いた真意は、いろいろなものの見方を考慮したうえで、ちょっとテレビが変わってくれれば、最高で万単位の命が救える、というところにあります。筆者の意見に、反対するテレビ関係者や、テレビ愛好者の人がいれば、どんどんその意見を発表していただければと思います。そのように多様な立場からの意見をもとにした議論があるのが、健全な社会だからです。

和田秀樹　1960（昭和35）年、大阪府生まれ。東京大学医学部卒。精神科医、和田秀樹こころと体のクリニック院長。『人生の軌道修正』ほか著書多数。ブログ http://ameblo.jp/wadahideki/

Ⓢ新潮新書

378

テレビの大罪《たいざい》

著　者　和田秀樹《わだひでき》

2010年8月20日　発行
2010年8月25日　2刷

発行者　佐藤隆信

発行所　株式会社新潮社
〒162-8711　東京都新宿区矢来町71番地
編集部(03)3266-5430　読者係(03)3266-5111
http://www.shinchosha.co.jp

印刷所　株式会社光邦

製本所　憲専堂製本株式会社

ISBN978-4-10-610378-0 C0230